阅读图文之美 / 优享健康生活

瘦身养颜蔬果汁

速查全书

于雅婷　于 松　编著

江苏凤凰科学技术出版社 · 南京

图书在版编目（CIP）数据

图解瘦身养颜蔬果汁速查全书 / 于雅婷，于松编著 . — 南京：江苏凤凰科学技术出版社，2022.2
ISBN 978-7-5713-1879-6

Ⅰ．①图… Ⅱ．①于… ②于… Ⅲ．①减肥—蔬菜—饮料—制作—图解②减肥—果汁饮料—制作—图解③美容—蔬菜—饮料—制作—图解④美容—果汁饮料—制作—图解 Ⅳ．①TS275.5-64

中国版本图书馆 CIP 数据核字（2021）第 067520 号

图解瘦身养颜蔬果汁速查全书

编　　著　于雅婷　于　松
责任编辑　向晴云
责任校对　仲　敏
责任监制　方　晨

出版发行　江苏凤凰科学技术出版社
出版社地址　南京市湖南路 1 号 A 楼，邮编：210009
出版社网址　http://www.pspress.cn
印　　刷　天津丰富彩艺印刷有限公司

开　　本　718 mm × 1 000 mm　1/16
印　　张　12.5
字　　数　320 000
版　　次　2022 年 2 月第 1 版
印　　次　2022 年 2 月第 1 次印刷

标准书号　ISBN 978-7-5713-1879-6
定　　价　45.00 元

前言 | Preface

瘦身养颜蔬果汁，喝出健康喝出美

瘦身养颜是当今社会爱美人士最关心的话题，不仅女性朋友们在意，时尚的男性朋友们也一样很关注。苗条健康的身材，不只是美丽的象征，更是身体健康的直接反映。然而岁月如刀，在不知不觉中，我们慢慢变老，体形日渐臃肿，脸上有了皱纹、色斑。想要抵抗岁月侵袭，我们就要寻找自然抗衰防老、瘦身养颜的“灵丹妙药”。

水是生命之源，可以促进人体新陈代谢，还可以润泽肌肤；蔬果蕴含自然精华，能够促进肠道蠕动，抗氧化，排毒降脂。蔬果汁正是上述二者的完美结合——选取天然的蔬菜、水果榨取而成，富含各种维生素、矿物质和膳食纤维，脂肪少，热量低，可以帮助身体清除毒素，消脂减肥，抗老防衰，美白养颜，还能增强人体免疫力，预防和调理各种常见病症。

为了美丽健康，让我们远离那些含有色素、香料、防腐剂及糖精等人工添加剂的饮料吧！在家中亲手制作天然的蔬果汁，依个人口味增减浓度，然后添加冰糖、白糖、蜂蜜、冰块等精心调制，不仅口感爽口，色泽诱人，而且自然新鲜，卫生健康，最重要的是还能达到减肥瘦身、排毒养颜的功效。

本书由资深营养师和美食料理家精心创作而成，一共介绍了200余款养颜美味的蔬果汁，简单易学，操作方便。为了方便大家选取，我们还特别标出每款蔬果汁的营养成分和具体功效。

希望大家在本书的帮助下，能够喝出健康与美丽，拥有曼妙的好身材！

阅读导航

我们在此特别规划了导读单元，对文中各个部分的功能、特点等进行逐一说明，以便提升读者的阅读效率和体验。

排出宿便：宿便是“肥胖之源”

名称

蔬果汁名称介绍

西瓜苹果梨汁

● 通便排毒＋清热消暑

【食材准备】梨1个，苹果1个，西瓜150克，柠檬30克，冰块少许。

【料理方法】①梨和苹果洗净，去核，切块；西瓜洗净，去皮，切块；柠檬洗净，切块。

② 将梨、苹果、西瓜和柠檬放入榨汁机中榨汁，将果汁倒入果汁机中，加冰块搅匀即可。

饮用功效

西瓜的营养十分丰富，除了含有大量的水分，还含有多种维生素、矿物质、果糖等。中医认为西瓜有清热消暑、缓解便秘、缓解口疮等功效，利于排毒，故有“天生白虎汤”之称。

Tips：榨汁时加凤梨，口感更佳。

食疗作用

介绍本道蔬果汁对人体的功效

做法

制作本道蔬果汁的详细步骤介绍

综合三果汁

● 缓解便秘＋预防癌症

【食材准备】无花果1个，猕猴桃1个，苹果1个，冰块少许。

【料理方法】① 无花果去皮，对切为二；猕猴桃去皮，切块；苹果洗净，去核，切块。

② 将材料混合后放入榨汁机中榨汁，然后在果汁中加入少许冰块即可。

饮用功效

无花果含有柠檬酸、蛋白酶，还有多种矿物质、维生素等，能够帮助消化，防治高血压，提高免疫力。它还含有多种果酸，有抗炎、消肿的功效。无花果汁还能有效预防胃癌、肝癌的发生。

Tips：常喝此款饮品，还有缓解痔疮的功效。

28

酪梨蜜桃汁

• 通便利尿＋轻体瘦身

【食材准备】酪梨 100 克，水蜜桃 150 克，柠檬 30 克，鲜奶适量。

【料理方法】① 将酪梨和水蜜桃洗净，去皮，去核。

② 柠檬洗净，切成小片。

③ 将酪梨、水蜜桃、柠檬放入果汁机内搅打。

④ 将果汁倒入容器中，加入鲜奶搅匀即可。

饮用功效

此款饮品具有通便利尿、瘦身、美白的功效，对排出体内毒素有一定帮助。

Tips：此款饮品除了能轻体瘦身，由于特别添加了鲜奶，再加上柠檬，对皮肤也很好，有润泽、美白肌肤的功效。

小贴士

饮品或食材的补充知识点，助您掌握更多健康小窍门

白菜苹果汁

• 排出毒素＋补充营养

【食材准备】苹果 150 克，白菜 100 克，柠檬 30 克，冰块少许。

【料理方法】① 苹果洗净，去核，切块；白菜洗净，卷成卷；柠檬洗净，连皮切成 3 块。

② 先把带皮的柠檬用榨汁机压榨成汁，再放入白菜和苹果压榨成汁。

③ 在蔬果汁中加入冰块，再依个人口味调味即可。

饮用功效

此款饮品可缓解便秘，排出体内的毒素。榨汁时切去白菜的茎，保留白菜叶子较容易榨汁，也更富含维生素 C。

Tips：冰块的加入会让柠檬更显清爽，很适合夏日饮用。

蔬果汁美图

色彩鲜艳的蔬果汁彩图，挑逗读者的味蕾

29

目录 | Contents

酪梨蜜桃汁
通便利尿+轻体瘦身

第一章
清体：排毒养颜蔬果汁

轻松排毒：每天喝杯清毒素

第二章
纤体：消脂塑身蔬果汁

纤体减脂：让脂肪“无所遁形”

麦片木瓜奶昔
促进消化 + 抗衰养颜

排毒纤体：塑造完美身材曲线

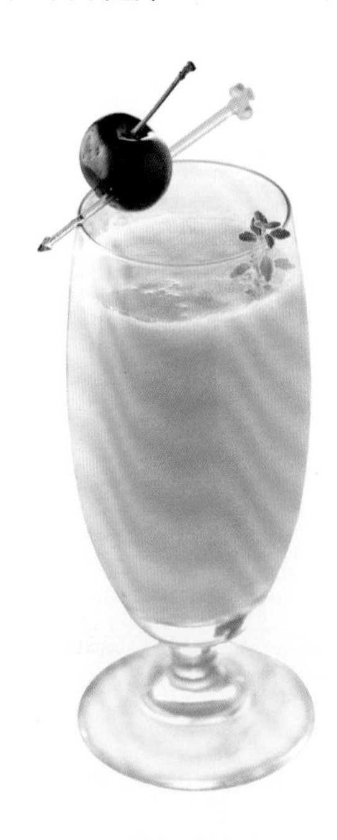

葡萄菠萝南瓜汁
排出毒素+减脂瘦身

调节肠道：肠道畅通每一天

预防水肿：瘦身与消肿兼顾

第三章
补体：保健强身蔬果汁

动力十足：瘦身后活力四射

哈密瓜芒果汁
补充体力+ 通利小便

保健养生：健康和美丽同在

胡萝卜苹果汁
防癌抗癌 + 降低血脂

第四章
润颜：润泽亮肤蔬果汁

美白亮肤：肌肤更雪白洁净

葡萄干苹果鲜奶
嫩肤美白 + 改善贫血

柠檬香芹橘汁
淡化雀斑+缓解青春痘

祛斑消纹：养出水嫩光泽肌肤

防治粉刺：告别青春痘烦恼

润泽肌肤：使肌肤宛若新生

第五章
抗老：青春常驻花果醋

葡萄醋饮
扩张血管+延缓衰老

瘦身测试——选择适合你的减重方法

随着社会发展，物质日益丰富，我们早已过了以胖为美的时代；相反，超重带来的健康问题层出不穷，一次次为现代人敲响警钟。可能很多人都被一个问题困扰：为何短时间就能发胖，而减重却是“长期工程”？其实，每个人的体质是不同的。有的人经常大快朵颐，但依旧身材曼妙；有的人可能只是贪嘴那么几次，身体就不受控制地“膨胀”起来……找到适合自己的方法，才能让我们在瘦身与健康之间实现“鱼与熊掌兼得”。

在实施瘦身计划之前，让我们先做一个小测试吧！对自己有了全面的了解后，瘦身更容易一步到位，事半功倍。

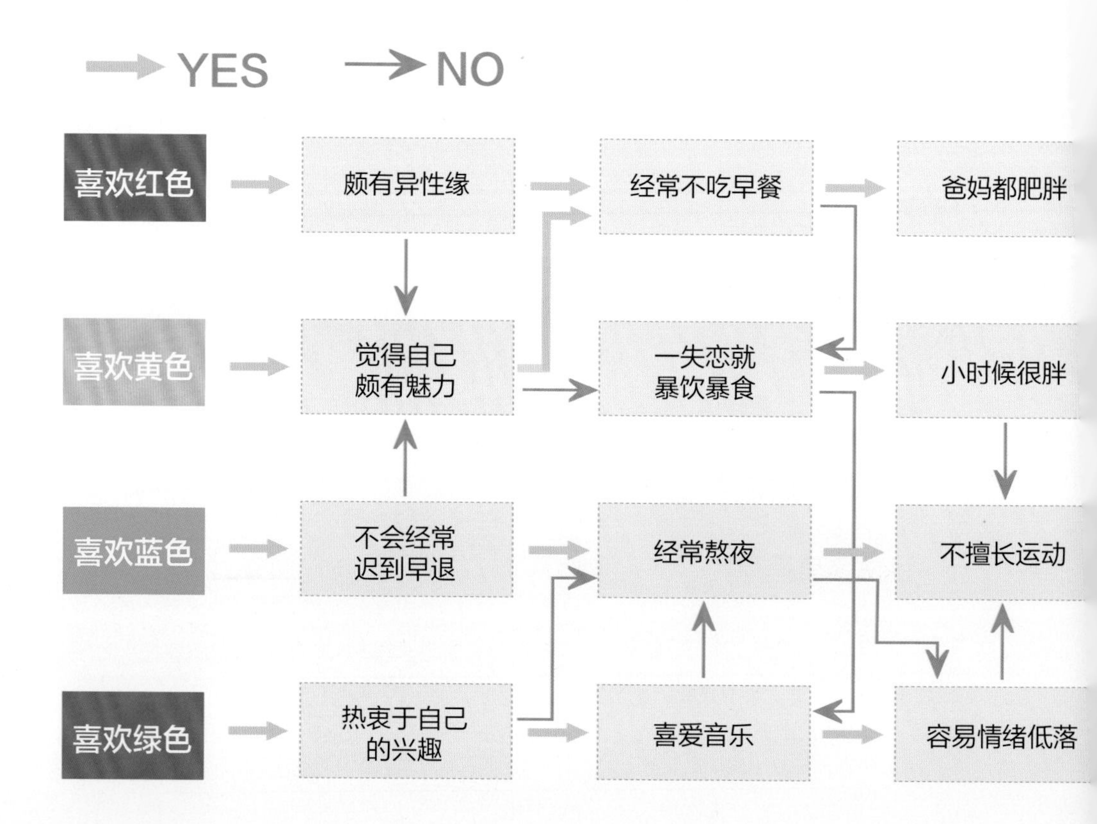

A 清体蔬果汁 进食太多型

想必你是个活泼且朋友众多的人。你常与人结伴在外聚餐，或喜欢和家人齐聚一堂，一边聊天，一边吃饭。这容易在不知不觉中吃得过多或营养不均衡，导致体重超标。如果想瘦身成功，势必要调整饮食习惯。

B 纤体蔬果汁 意志薄弱型

各种瘦身方法都试过，就是瘦不下来；一开始瘦身就对自己缺乏信心，或瘦身期间看到美食就管不住嘴巴。你是否常被这种问题困扰？要想瘦身成功，意志力非常重要。

C 补体蔬果汁 运动不足型

你是不是觉得运动很麻烦，所以下班回家就往沙发上一躺，假日哪里也不想去？如果想减肥成功，就不能再这样下去了。下班后多走几步路，培养一个运动爱好，养成有空就活动身体的习惯。

D 养颜蔬果汁 压力太大型

性情温柔的你，总是很在意周遭人对你的看法，所以对朋友、家人不免拘谨了些。或许你自己没有察觉，但无形中压力逐渐累积。所以减肥成功的关键，在于适当减轻压力。

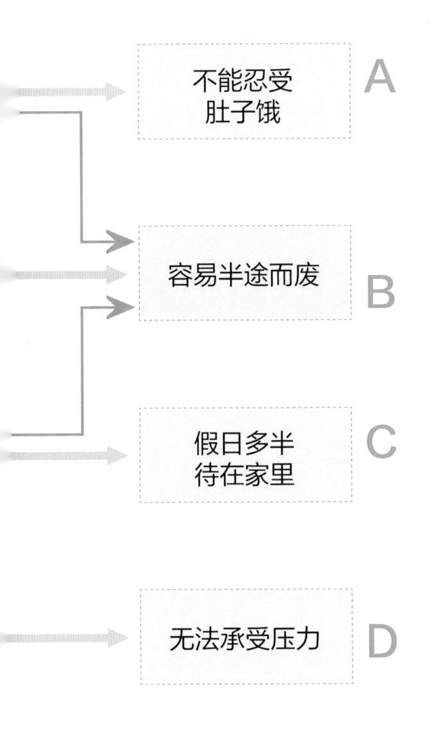

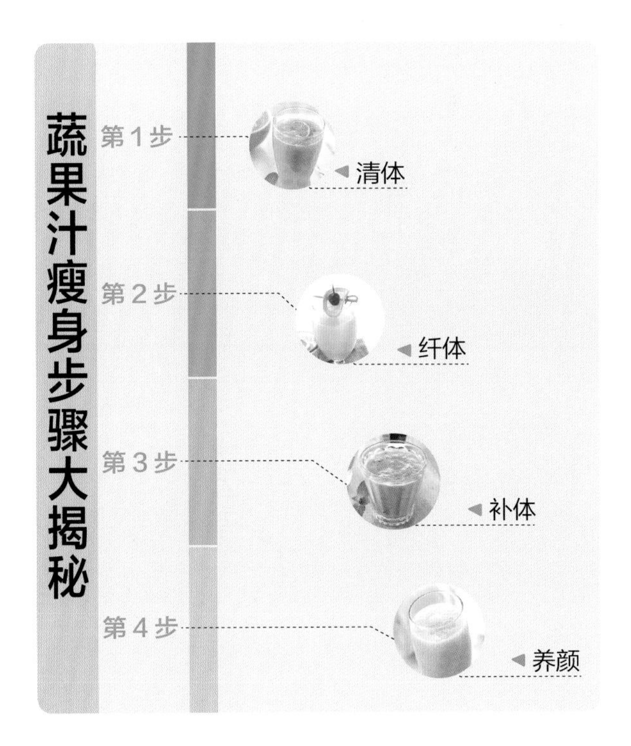

制作蔬果汁工具大集合

果汁机

特色

香蕉、桃子、木瓜、芒果、香瓜和番茄等含有细纤维的蔬果，最适合用果汁机来制作果汁，因为果汁机可保留其中细小的纤维或果渣，制作出美味且口感浓稠的果汁。而纤维较粗的蔬菜，也可以先用果汁机搅碎，再用筛子过滤。

使用方法

1. 将水果的皮和籽去除并切成小块，再加上冷开水搅拌。
2. 材料一次不宜放太多，要少于容器容量的 1/2。
3. 搅拌时一次不可连续操作 2 分钟以上。如果果汁搅拌时间较长，需暂停 2 分钟后再开始操作。
4. 冰块不可单独搅拌，要和其他材料一起搅拌。
5. 注意材料放入的顺序：先放切成块的固体材料，再加液体搅拌。

清洁建议

① 使用后应马上清洗，将碎蛋壳、少许清洁剂和水倒入果汁机中，稍微搅打，再用大量的清水冲洗，晾干。

② 钢刀须先用水泡一下再冲洗，最好使用棕毛刷清洗。

榨汁机

特色

适用于较为坚硬、根茎部分较多、纤维多且粗的蔬果，例如胡萝卜、苹果、菠萝、西芹、黄瓜等。榨汁机能将果菜渣和汁液分离，制作出较清澈的蔬果汁。

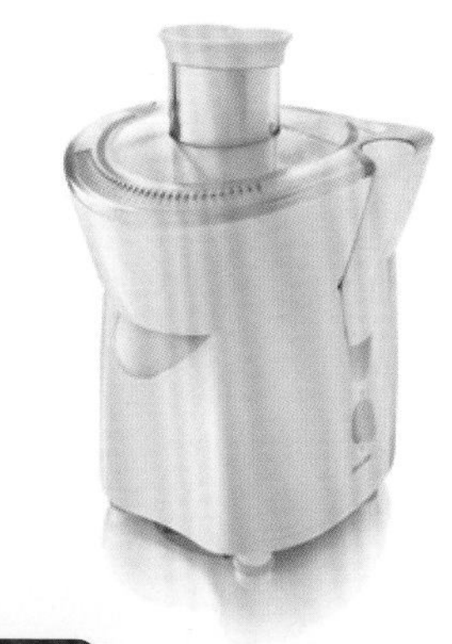

使用方法

1. 把材料洗净后切成可放入入料口的大小。
2. 放入材料后，将杯子或容器放在饮料出口处，然后把开关打开。机器开始运作后，再用挤压棒在入料口挤压。
3. 纤维多的食物，直接榨取，不要加水，取其原汁即可。

清洁建议

① 若单独榨水果或蔬菜，则用温水冲洗，并用刷子清洁即可。

② 如果添加鸡蛋、鲜奶或其他不易清洗的食材一同榨汁，则可在水里加一些清洁剂，开启机器转动数回后再洗净，且使用后需要立刻清洗。

压汁机

特色

适用于制作柑橘类水果的果汁，制作出的果汁呈现浓稠状，美味且口感佳。

使用方法

将以横切方式切好的水果覆盖其上，再往下压并左右转动，就能挤出果汁。

清洁建议

① 使用完应马上用清水清洗，压汁处有很多细缝，需用海绵或软毛刷仔细清洗残渣。

② 清洁时应避免使用菜瓜布，如果刮伤压汁机塑胶材质部位，容易潜藏细菌。

砧板

特色

材质多样，制作蔬果汁必备的工具之一。须注意，切蔬果和切肉类的砧板应分开使用，既可防止细菌交叉感染，也可以避免蔬果沾染肉类、辛香料的味道。

清洁建议

① 塑胶砧板每次使用完后，要用海绵清洗干净并晾干。

② 勿用高温水清洗，以免砧板变形。

③ 在砧板上撒一层小苏打粉，用刷子刷洗后，再用大量清水冲洗。每周一次。

搅拌棒

特色

搅拌棒有多种材质、颜色和款式，但无论什么材质，都是能让果汁中的汁液和溶质均匀混合的好帮手。底部附有勺子的搅拌棒，能让果汁搅拌得更均匀；而没有附勺子的，则更适合用来搅拌没有溶质或溶质较少的果汁。

使用方法

果汁制作完成后，倒入杯中，再用搅拌棒搅匀即可。

清洁建议

使用后立刻用清水洗净，洗后晾干即可。

磨钵

特色

适合将卷心菜、菠菜等茎叶类食材制成蔬果汁时使用。除此以外，像葡萄、草莓、蜜柑等柔软、水分多的水果，也可用磨钵制作果汁。

使用方法

首先将材料切细，放入钵内，再用研磨棒捣碎，捣碎之后，用纱布将其滤干。在使用磨钵前，要注意擦干材料、磨钵和研磨棒上的水分。

清洁建议

使用完后必须马上用清水清洗，并将其擦拭干净。

7招瘦身排毒，简简单单一身轻松

体重超重会给我们的身心带来伤害，减肥除了控制饮食、多运动，还要清理那些不断在体内堆积的毒素，这样才能达到健康减肥的效果。

第1招 控制饮食，清淡为主

严格控制每天的食量，清淡饮食，少吃热量高的食物，如甜食、蜜饯、油炸食物等，早上要吃得营养丰富些，中午要吃饱，晚上少吃或只吃低糖水果和蔬菜。

第2招 坚持合理运动

制订一个运动计划表，每周坚持运动5~6次，运动时间循序渐进，可以选择跑步、快走、跳健身操、跳绳、爬楼梯、做瑜伽等运动方式。

第3招 多吃富含膳食纤维的食物

膳食纤维是减肥排毒的好帮手。膳食纤维不但热量非常低，而且能促进排便，增加饱腹感。这类食物包括芹菜、白萝卜、丝瓜、玉米、荞麦、绿豆等。

第4招 拒绝含毒素的食物，多吃抗氧化的食物

不吃含有农药残留物的食品、有病的畜禽肉类、发霉食物、含化学添加剂的食品。同时多摄入富含维生素、矿物质等的天然蔬果，如樱桃、葡萄、番茄、草莓等。

第5招 饮用瘦身排毒的饮料

多饮用茶水、蜂蜜水、白开水、花果醋、蔬果汁等。本书中很多蔬果汁、花果醋都具有排毒瘦身的作用，如油菜苹果汁、西瓜柠檬汁、草莓柳橙汁、葡萄醋饮等。

第6招 保证每天7小时的睡眠

睡眠充足可以促进人体新陈代谢，抑制食欲。要注意作息规律性，熬夜、喜欢吃夜宵很容易增肥。最好保证每天7小时的睡眠。

第7招 饮用药茶瘦身排毒

很多药茶具有减肥排毒功效，如荷叶山楂茶（荷叶5克，桑叶3克，山楂10克），金银花菊花茶（金银花、菊花、山楂各8克），陈皮车前草茶（陈皮3克，车前草5克，绿茶5克）等。

养颜美容建议，让美丽“持久绽放”

追求美丽是人之天性，但只有注重后天的调理保养，才能长时间拥有健康的容颜和身体。请听听专家关于养颜美容的建议。

建议1：内调五脏

养颜的根本是滋阴，只有滋补身体五脏，才能更好地保养容颜。

五脏	内脏虚弱的外在表现	推荐食物
心	心血不足，精神萎靡，皮肤苍白晦暗	红枣、桂圆、莲子、胡萝卜
肝	肝血不足，面色无华，暗淡无光，两目干涩	猪肝、绿豆、红豆、菠菜
脾	食不消化，腹满，肠鸣，泄泻	山药、土豆、猪肚、栗子
肺	肺阴不足，肌肤干燥，面容憔悴而苍白	梨、冬瓜、百合、莲藕
肾	腰酸，四肢发冷，畏寒或燥热，盗汗，头晕，耳鸣	黑豆、枸杞、猪腰子、鹌鹑

建议2：外护肌肤

选择适合自己的化妆品，最好是提取自天然草本的化妆品。不同的化妆品品牌不宜交叉使用。也可以用天然蔬果花草自制护肤养颜化妆品。每天注意清洁皮肤，勤洗澡。夏季阳光强烈，外出时注意防晒。

建议3：调理饮食

营养失衡是容颜受损的一个重要原因，所以日常饮食要均衡摄取营养，尤其要多摄取蔬果、五谷杂粮等。营养充足，面色才会红润，皮肤才会细腻、光洁、有弹性。

建议4：调节情绪

美容专家指出，精神失调有碍养颜。人如果长期处于家庭、情感、事业等压力之下，心理负担过重、情绪紧张、精神失调，就会导致内分泌失调。一旦内分泌失调，面部容易产生色素沉着，出现黄褐斑、痤疮、粉刺、暗疮等问题。因此要注意调节情绪。

建议5：穴位按摩

中医的按摩有很好的美容功效，采用恰当的穴位按摩，可以使皮肤光洁，面色红润，从而达到延缓衰老的目的。

方法1：用拇指外侧手指甲切压关冲穴，用指腹按揉阳池穴，各2分钟。

功效：促进皮肤血液循环，使皮肤光洁滋润，脸色红润。

方法2：用拇指指腹按揉合谷穴、外关穴各2分钟。

功效：调节头面部的气血，保养头面部的肌肤。

制作蔬果汁的“七大主角”

苹果

保存方法

苹果在保存的时候，对周围环境要求较高，如果要放在冷藏室内，一定要使用密封袋封存，并且将温度稍微调低一些。

营养多元的健康水果

苹果以其独特的香味和丰富的营养备受人们喜爱。它含有丰富的维生素、矿物质和有机酸，其膳食纤维的含量更惊人。可溶性和不可溶性的膳食纤维共同担负起抑制胆固醇上升的重任。除此之外，苹果内的多酚类物质含量丰富，热量极低，不仅可以延缓肌肤老化，对女性减肥也能发挥很好的效果。

苹果不宜久放，如果在冰箱里冷藏时间过久，不仅会失去原有的香味，口感也会变得较差。

有一种“蜜富士”，由普通红富士改良而来，颜色更鲜艳，甜度也更高。

将苹果切成两半，会发现苹果籽周围的果肉颜色略深，这就是通常所说的“甜味的来源”，也称为“蜜”。苹果完全熟透后，甜度会大为增加，味道也会变得越发香甜。

随着苹果逐渐成熟，果皮会变得越来越红，底部也会由绿色转为黄色。完全成熟的苹果，表面会分泌一种天然果蜡，对果皮具有很好的保护作用。

小食谱

苹果炒猪肉
——降低胆固醇＋预防心脏病

食材

苹果…………1个　　猪肉………适量
大蒜…………1瓣　　盐、酱油…适量
白葡萄酒…半杯　　橄榄油……适量

做法

① 苹果去皮，去核，切丝；猪肉去筋，切丝后用酱油和盐腌渍；大蒜切片。
② 热油锅，将切好的大蒜片放入锅中炒香，再放入猪肉丝拌炒。
③ 猪肉丝6分熟时，倒入白葡萄酒调味，最后放入苹果丝翻炒即可。

营养好喝的蔬果汁搭配

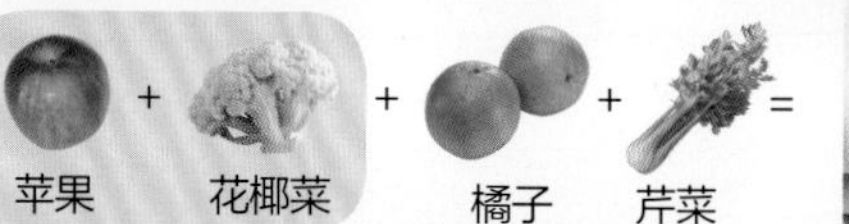

美肤嫩白，美容养颜

香蕉

保存方法

如果是刚买来的生香蕉，需要先吊起来晾晒1~2天，待彻底熟透，再将香蕉从果柄处拔下来，用保鲜膜包好，放入冰箱的冷藏室内保存。

守护健康的“能量勇士”

作为一名能有效帮助肠道消化的“能量勇士”，香蕉获得众多运动健将的青睐，因为它能迅速补充体内因长时间运动而流失的矿物质。众所周知，香蕉含有丰富的糖类，这些糖类进入人体后，迅速转化成易于吸收的葡萄糖，对人体来说，是一种快速的能量来源。

另外，香蕉还具有抗氧化的功效。在所有的蔬菜水果中，它可以称得上美白护肤的佼佼者。除此之外，香蕉也可以缓解动脉硬化，提高人体免疫力。这些独特的功效令香蕉成为餐桌上的常客。

香蕉属于热带水果，如果放置在温度过低的环境中，不利于持久保鲜。一旦保存温度低于13℃，香蕉不仅会长出黑斑，而且口感也会变差。

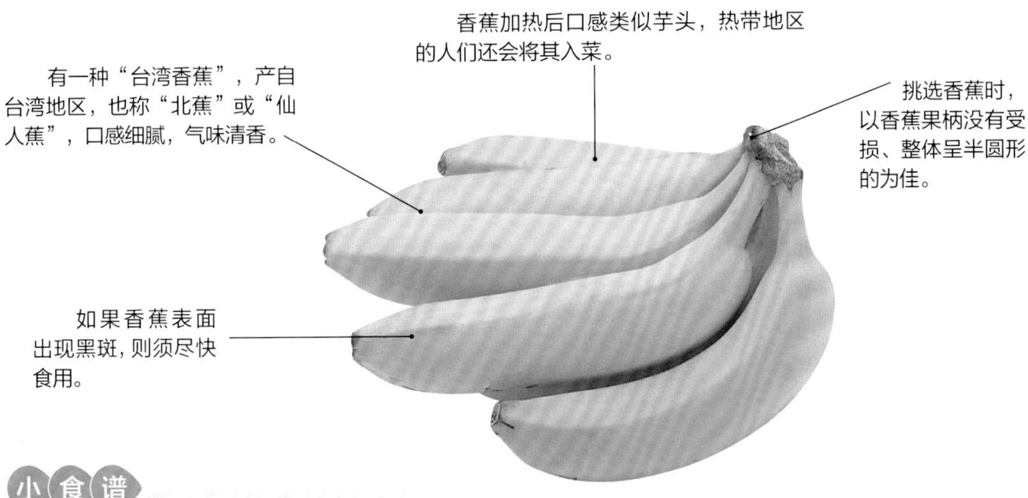

小食谱

香蕉奶酪
——预防高血压和心脏病

食材

香蕉………2根　　柠檬汁…2小匙
奶酪……2大匙　　蜂蜜………适量

做法

① 将香蕉去皮，切成3~5厘米大小的块状，再用柠檬汁充分浸泡。
② 在每块香蕉上放一些奶酪，如果喜欢略甜的口味，可淋上蜂蜜。

营养好喝的蔬果汁搭配

葡萄

保存方法

在干燥的状态下用纸将葡萄包好，放进冰箱的冷藏室，2~3天内食用完毕即可，这样做不但不会造成营养成分流失，还能保持葡萄的新鲜度。但如果冷藏的时间过长，葡萄的甜度会逐渐下降，口感会变得较差。

帮你摆脱疲劳，恢复元气

用“汁多味美”来形容葡萄，应该是再贴切不过了。别看一粒葡萄体形不大，却富含果糖和葡萄糖。因为这两种成分可以在体内快速转化成能量，所以人们食用葡萄后能够快速消除工作后的疲劳感，轻松恢复身体的元气。

提起葡萄，人们不免会想到葡萄酒。适量饮用葡萄酒会降低罹患心脏病的概率。这是由于葡萄皮和葡萄籽中含有一种抗氧化的酚类物质——白藜芦醇。经研究发现，这种酚类物质不仅具有抗氧化、防衰老的功效，对于缓解肝硬化也有显著的效果。

俗谚说“吃葡萄不吐葡萄皮”，从营养价值的角度来看，连皮带籽地吃葡萄，称得上是最营养的吃法。

越靠近藤蔓部位的葡萄甜度越高，所以吃葡萄的时候，宜按照“从下往上”的顺序品尝，可以有“越吃越甜”的感受。

葡萄皮和葡萄籽都有卓越的抗氧化功能。

葡萄里有丰富的矿物质，极易被人体吸收。

葡萄酸甜开胃，可以养血补身，也适合爱美的人群食用。

小食谱

葡萄番茄汁

——美肤养颜＋喝出健康

食材

葡萄…………100克

番茄…………100克

红葡萄酒……3大匙

做法

① 番茄去蒂，洗净后切块；葡萄分成一粒一粒，和番茄一起放入冰箱的冷冻室中冷冻半小时。

② 从冰箱冷冻室内取出葡萄和番茄，放入榨汁机中，淋上红葡萄酒，搅匀后即可饮用。

营养好喝的蔬果汁搭配

＋

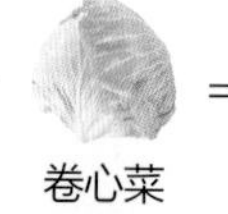

＝

缓解青春痘，使皮肤细致有光泽

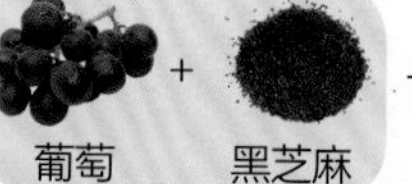

＋

＝

抗氧化，预防肌肤老化

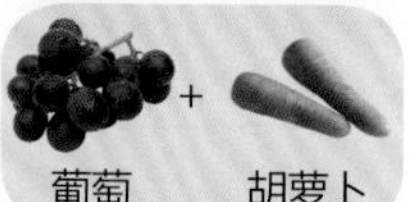

＋

＝

降低血压，预防癌症

草莓

保存方法

草莓要保鲜，先不要清洗，直接用保鲜膜包起来，放入冰箱的冷藏室里即可。

随时补充人体所需的维生素C

多数人一看到草莓，就会立即被它诱人的“心”形外表所吸引，闻到它散发出的浓郁果香，便恨不得立刻咬上一口。别看草莓的体形小，却蕴含丰富的营养物质，如维生素C、叶酸等。如果每天吃7颗草莓，不仅可以补充人体所需的维生素C，还可以有效预防感冒，增强胃肠蠕动，促进肠道内的食物消化。

对于爱美的女孩子来说，草莓可称得上是紧致肌肤的好帮手，因为草莓抗氧化效果显著。此外，它还可有效抑制黑色素形成。

小食谱

草莓菊苣沙拉
——提高免疫力＋美肌护肤

食材

草莓………5颗
橄榄油…2大匙
苹果醋…1大匙
白砂糖… 适量
菊苣…………5株
白葡萄酒…1大匙
盐、胡椒粉…少许

做法

① 草莓洗净后压碎，淋上橄榄油、苹果醋、白葡萄酒，撒上盐和胡椒粉。如果觉得甜度不够，可撒上一些白砂糖。
② 菊苣洗净后切成易于咀嚼的大小，和草莓充分搅拌，使料汁充分浸透草莓和菊苣。

营养好喝的蔬果汁搭配

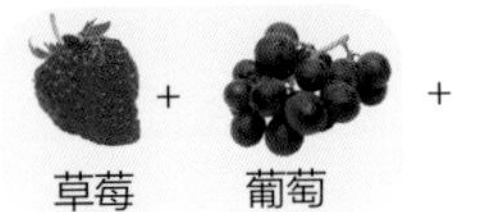

草莓 + 葡萄 + 酸奶 = 促进新陈代谢，消除疲劳

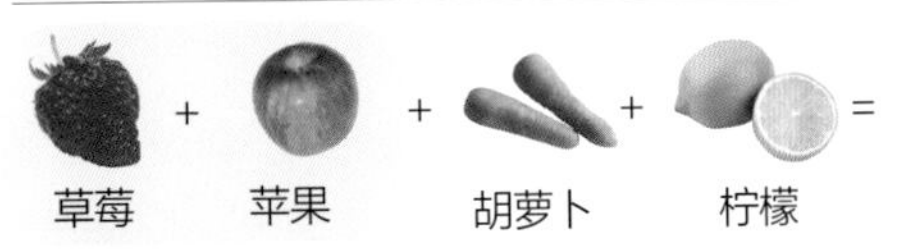

草莓 + 苹果 + 胡萝卜 + 柠檬 = 减肥美体，护肤养颜

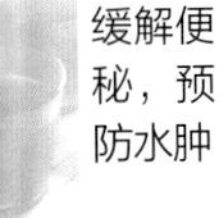
草莓 + 韭菜 + 菠萝 + 葡萄柚 + 柠檬 = 缓解便秘，预防水肿

柑橘类

保存方法

将柑橘浸泡在小苏打水里，1分钟后捞起，将表皮水分控干后再用塑料袋密封，可以保鲜3个月。

果皮也是一味良药

柑橘类水果是一年四季都可以品尝到的水果之一。这类水果富含多种维生素，果皮和果肉间的橘络都有增强毛细血管弹性、预防动脉硬化的功效。除此之外，其所含的膳食纤维可促进肠道蠕动，有利于清肠通便，排出体内有害物质。橙皮味甘、苦而性温，有止咳化痰的功效，是缓解感冒咳嗽、食欲不振、胸腹胀痛的良药。

特别是中国温州所产的柑橘，富含更多的营养物质，可以加速体内脂肪的分解，对女性减肥塑身有相当不错的功效。

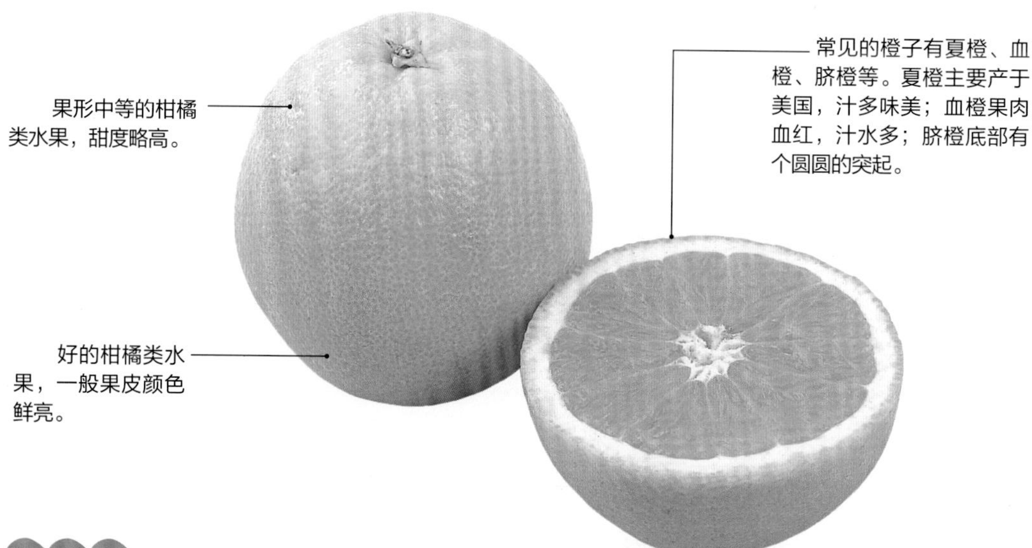

果形中等的柑橘类水果，甜度略高。

常见的橙子有夏橙、血橙、脐橙等。夏橙主要产于美国，汁多味美；血橙果肉血红，汁水多；脐橙底部有个圆圆的突起。

好的柑橘类水果，一般果皮颜色鲜亮。

小食谱

橙香红葡萄酒
——预防感冒＋塑造美肌

食材

柳橙……1个　红葡萄酒…1杯
苹果……半个　蜂蜜……1小匙
薄荷……适量

做法

① 将上述水果充分洗净，取半个柳橙先榨成汁，另一半带皮切成小块。
② 苹果带皮切成小块。
③ 将①和②的材料一同放入榨汁机，依序倒入红葡萄酒和蜂蜜，榨汁后倒入玻璃杯中，用薄荷装饰。

营养好喝的蔬果汁搭配

猕猴桃

保存方法

猕猴桃是很耐储存的水果之一，一般放入冰箱3～4个月都可食用。刚从超市买来的猕猴桃，很有可能还未完全熟透，将其与香蕉、苹果等放在一起，可以达到催熟的效果。

“维生素C之王”令肌肤晶莹剔透

酸酸甜甜的味道，入口即化的口感，猕猴桃凭借独特的风味赢得众多女性的芳心；另一方面，猕猴桃富含维生素C、维生素E、膳食纤维、钾等营养物质，不仅可预防感冒的侵袭，还能预防高血压、老年性便秘等病症。

一颗猕猴桃的维生素C含量大大超过了柠檬，它和维生素E共同作用，能有效提升人体抗氧化的能力，使女性肌肤保持晶莹剔透，远离皱纹和黑色素的“袭击”。除此之外，猕猴桃中还含有一种可以有效分解体内蛋白质的酶。在摄取大量的肉食后吃1～2颗猕猴桃，能够促进肠胃消化。

黄金猕猴桃果肉颜色偏黄且味甜；彩虹红心猕猴桃果肉由淡黄色逐渐变为绿色和深红色，多甜少酸，产于日本静冈县和福冈县；迷你猕猴桃皮薄，成熟后直径约3厘米，产自美国。

猕猴桃表皮上的绒毛颜色，呈现均一的茶色。

完全熟透的猕猴桃，握在手中应有柔软的感觉。

小食谱

猕猴桃煎猪排
——促进消化＋预防感冒

食材

猪排………2片　　猕猴桃……2个
盐、酱油…少许　　橄榄油……适量

做法

① 猕猴桃去皮，果肉压碎；猪排用盐和酱油腌渍入味。
② 煎锅中放入橄榄油，待油8分热时，放入猪排煎熟。
③ 猪排盛盘后淋上压碎的果肉即可。

营养好喝的蔬果汁搭配

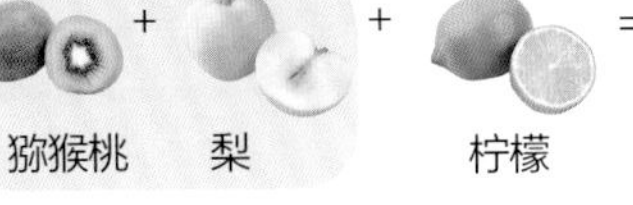

缓解便秘，焕颜瘦身

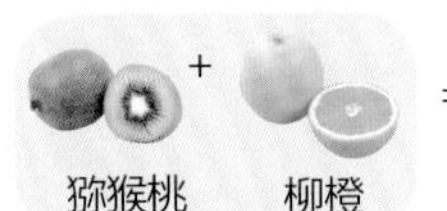

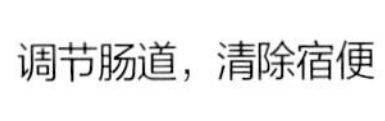

调节肠道，清除宿便

润肤美容，延缓衰老

番茄

保存方法

番茄如果需要冷藏保存，直接放入冰箱即可。

超级抗氧化的蔬果

说到番茄，除了酸酸甜甜的美味口感外，果皮上含有的大量番茄红素也是不能忽视的。可别小看这薄薄的一层果皮，功效可大着呢！它不仅可以抑制体内黑色素的形成，其超强的抗氧化能力还可预防动脉硬化等疾病。

番茄独特的味道，获得诸多美食家的青睐。在料理中，番茄不仅可以用来去除鱼虾的腥臭味，还可以制成番茄酱后当作调味料使用，真可谓用途多多。

在超市挑选番茄时要注意，如果蒂部明显呈黑色，表示这颗番茄经过人工催熟。

番茄含有能加速人体吸收维生素C的成分，与富含维生素C的食材搭配食用，美白效果加倍。

番茄富含番茄红素，与富含维生素E的食材，如芝麻、花生等一同加热食用，对人体抗衰老十分有益。

挑选番茄时，可拿起来感受一下它的重量，同样大小的番茄，稍重的更新鲜。

小食谱

番茄面
——预防癌症＋养颜美容

食材

番茄（大）…2个　面条……2人份
面汤…300毫升　橄榄油……适量

做法

① 番茄洗净，去蒂，切丁，面条煮好。
② 将番茄丁放入面汤中，加入橄榄油煮沸。
③ 将煮好的番茄丁放入煮好的面条中即可。

营养好喝的蔬果汁搭配

润肤护肝，预防癌症

润泽肌肤，美白养颜

润肤美容，延缓衰老

第一章

清体： 排毒养颜蔬果汁

现榨的蔬果汁，除了能保留蔬菜水果的原汁原味，也能保存完整的膳食纤维和其他营养成分。它既可以有效帮助人体排出内脏中的毒素，达到清除体内垃圾的目的，也能够缓解压力，促进睡眠，让你轻松瘦身。

西瓜苹果梨汁

● 通便排毒＋清热消暑

【食材准备】梨 1 个，苹果 1 个，西瓜 150 克，柠檬 30 克，冰块少许。

【料理方法】①梨和苹果洗净，去核，切块；西瓜洗净，去皮，切块；柠檬洗净，切块。

② 将梨、苹果、西瓜和柠檬放入榨汁机中榨汁，将果汁倒入果汁机中，加冰块搅匀即可。

饮用功效

西瓜的营养十分丰富，除了含有大量的水分，还含有多种维生素、矿物质、果糖等。中医认为，西瓜有清热消暑、缓解便秘、缓解口疮等功效，利于排毒，故有“天生白虎汤”之称。

Tips：榨汁时加凤梨，口感更佳。

综合三果汁

● 缓解便秘＋预防癌症

【食材准备】无花果 1 个，猕猴桃 1 个，苹果 1 个，冰块少许。

【料理方法】① 无花果去皮，对切为二；猕猴桃去皮，切块；苹果洗净，去核，切块。

② 将材料混合后放入榨汁机中榨汁，然后在果汁中加入少许冰块即可。

饮用功效

无花果含有柠檬酸、蛋白酶，还有多种矿物质、维生素等，能够帮助消化，防治高血压，提高免疫力。它还含有多种果酸，有抗炎、消肿的功效。无花果汁还能有效预防胃癌、肝癌的发生。

Tips：常喝此款饮品，还有缓解痔疮的功效。

酪梨蜜桃汁

● 通便利尿＋轻体瘦身

【食材准备】酪梨 100 克，水蜜桃 150 克，柠檬 30 克，鲜奶适量。

【料理方法】① 将酪梨和水蜜桃洗净，去皮，去核。

② 柠檬洗净，切成小片。

③ 将酪梨、水蜜桃、柠檬放入果汁机内搅打。

④ 将果汁倒入容器中，加入鲜奶搅匀即可。

饮用功效

此款饮品具有通便利尿、瘦身、美白的功效，对排出体内毒素有一定帮助。

Tips：此款饮品除了能轻体瘦身，由于特别添加了鲜奶，再加上柠檬，对皮肤也很好，有润泽、美白肌肤的功效。

白菜苹果汁

● 排出毒素＋补充营养

【食材准备】苹果 150 克，白菜 100 克，柠檬 30 克，冰块少许。

【料理方法】① 苹果洗净，去核，切块；白菜洗净，卷成卷；柠檬洗净，连皮切成 3 块。

② 先把带皮的柠檬用榨汁机压榨成汁，再放入白菜和苹果压榨成汁。

③ 在蔬果汁中加入冰块，再依个人口味调味即可。

饮用功效

此款饮品可缓解便秘，排出体内的毒素。榨汁时切去白菜的茎，保留白菜叶子较容易榨汁，也更富含维生素 C。

Tips：冰块的加入会让柠檬更显清爽，很适合夏日饮用。

草莓花椰汁

● 通便利尿 + 调节情绪

【食材准备】草莓 20 克，香瓜 300 克，花椰菜 80 克，柠檬 50 克，冰块 50 克。

【料理方法】① 草莓洗净；香瓜洗净，削皮，切块；花椰菜洗净，切块；柠檬洗净，切片。
② 将草莓、香瓜、花椰菜放入榨汁机中榨成汁。
③ 加入柠檬榨成汁，最后加入冰块即可。

饮用功效

此款饮品中的草莓富含多种营养素，具有增强免疫力的功效。经常饮用此款蔬果汁，能利尿通便，还可以补充满满的维生素，非常适合现代都市白领日常饮用。

Tips：此款饮品中添加的柠檬，除了具有美白功效，更可解暑，消脂，是适合爱美女性的一款养颜食材。

食材名称	功效	补益建议	挑选窍门
草莓	维生素C 含量很高，具有美白效果	草莓应鲜食，因其含有能帮助细胞生长的维生素 C，加热后易被破坏	挑选的时候应该尽量挑选全果鲜红均匀、色泽鲜亮有光泽的
花椰菜	花椰菜能促进体内毒素排出，能增强肝脏的解毒功能	菜花与番茄同食可健胃，消食，生津	应挑选花球雪白、坚实，花柱细，肉厚而脆嫩的
香瓜	止渴润燥，除烦解热，利尿，润肺	脾胃虚寒或腹胀便溏者不可食用	先看香瓜的瓜脐，瓜脐外圈越大越好；其次看香瓜的瓜藤，瓜藤越绿说明香瓜越成熟，水分也越多

甜瓜酸奶

● 消除便秘＋增强代谢

【食材准备】甜瓜 100 克，酸奶 300 毫升，蜂蜜 30 克，薄荷叶适量。

【料理方法】① 甜瓜洗净，去皮，去籽。

② 将处理好的甜瓜切块，切成可放入榨汁机的大小。

③ 甜瓜放入榨汁机中榨成汁。

④ 将果汁倒入容器中，加入酸奶、蜂蜜和薄荷叶，搅拌均匀即可。

饮用功效

此款饮品具有调节肠道、消除便秘的功效。酸奶能帮助消化，促进食欲，加强肠道蠕动和机体代谢，对改善便秘症状有很好的作用。加上甜瓜的甜味，此饮品酸甜适中，风味独特。

Tips：蜂蜜的营养成分容易因受热而破坏，所以最宜添加在凉饮或常温饮品中。

食材名称	功效	补益建议	挑选窍门
蜂蜜	润肠通便，滋润肌肤	适用于慢性便秘、慢性肝炎、胃溃疡等疾病的辅助治疗	好的蜂蜜透光性强，颜色均匀，劣质的则浑浊有杂质
酸奶	补钙，润肠通便	酸奶中的乳酸菌有提高人体免疫力的作用	站在补充营养的角度，购买酸奶时可以以其蛋白质含量作为挑选依据
薄荷叶	清利头目，清利咽喉	属性寒凉，孕妇和哺乳期女性宜少用	薄荷以叶多、色绿、气味浓香为佳。腐败变质、有异味的不宜选购

香梨猕猴桃汁

● 润肠通便＋促进消化

【食材准备】猕猴桃 1 个，梨 1 个，柠檬 1 个，冰块少许。

【料理方法】① 猕猴桃洗净，削皮后切成块。

② 梨洗净，去皮，去核，切成小块；柠檬洗净，切片。

③ 将梨、猕猴桃、柠檬放入果汁机中搅匀。

④ 依个人喜好加入冰块即可。

饮用功效

此款饮品保留了水果的原味。猕猴桃营养丰富，对消化不良的症状有一定的改善作用；而梨水分充足，对缓解大便燥结有一定的功效。

Tips：一些受到便秘困扰的人士，常喝此款饮品，对改善便秘很有好处。

蜜桃香瓜汁

● 利尿降压＋缓解便秘

【食材准备】桃子 150 克，柠檬 30 克，香瓜 200 克，冰块 50 克。

【料理方法】① 桃子洗净，去皮，去核，切块。

② 香瓜去皮，去籽，切块；柠檬洗净，切片。

③ 将桃子、香瓜、柠檬放进榨汁机中榨出果汁。

④ 将果汁倒入杯中，加入冰块即可。

饮用功效

此款饮品可缓解便秘，还有利尿降压的功效。依个人口味和喜好，还可以加入白糖或蜂蜜调味。

Tips：桃子的清香加上香瓜的香味，令这款饮品自带“香风”，口感清爽宜人。加入蜂蜜，此饮品则更添润泽之感。

石榴苹果汁

● 抗菌涩肠＋收敛止泻

【食材准备】石榴 80 克，苹果 100 克，柠檬 30 克，冰块少许。

【料理方法】① 石榴去皮，取出果实；苹果洗净，去核，切块；柠檬洗净，切片。

② 将苹果、石榴依次放进榨汁机内榨汁。

③ 加入柠檬片，并向果汁中加入少许冰块即可。

饮用功效

石榴有明显的收敛作用和良好的抑菌作用，是辅助治疗腹泻的佳品。而石榴汁是一种比红葡萄酒、番茄汁更有效的抗氧化果汁。

Tips：此款果汁可抗菌涩肠，收敛止泻。

毛豆橘子奶

● 补充蛋白质＋帮助消化

【食材准备】毛豆 80 克，橘子 150 克，鲜奶 250 毫升，冰糖少许。

【料理方法】① 毛豆洗净，用水煮熟；橘子剥皮，去内膜，切成小块。

② 将所有材料倒入榨汁机内搅打 2 分钟即可。

饮用功效

毛豆含有丰富的植物性蛋白质和矿物质，可与动物性蛋白质媲美，能促进人体生长发育和新陈代谢，是维持人体健康活力的健康食材。毛豆中的膳食纤维还可促进肠胃蠕动，有利于消化和排泄。

Tips：此款饮品可以补充维生素 C 和膳食纤维，减少脂肪在血管中的堆积。

香柚菠萝草莓汁

● 改善便秘 + 利尿降压

【食材准备】草莓 5 个，菠萝 100 克，葡萄柚 80 克，凉薯 80 克，柠檬 20 克，冰块少许。

【料理方法】① 草莓洗净，去蒂；菠萝去皮，切块；葡萄柚去皮，去籽，取果肉；凉薯去皮，切块；柠檬洗净，切块。

② 将草莓、菠萝、葡萄柚、柠檬、凉薯放入榨汁机榨汁。

③ 加入少许冰块即可。

饮用功效

此款饮品可帮助身体排出多余水分，进而预防水肿，缓解高血压，并能改善便秘症状。另外，它对皮肤保养也有一定的作用。

Tips：菠萝富含菠萝蛋白酶，可以促进肉类分解，促进消化。

食材名称	功效	补益建议	挑选窍门
凉薯	养阴生津，清热去火	凉薯块根肥大，肉洁白脆嫩多汁，可生食也可熟食；但因其寒凉，脾胃虚寒、大便溏薄者不宜食用	块根周正、表皮无破损、皮薄脆嫩的凉薯为佳
菠萝	开胃消食，补脾止泻	消化不良、水肿、食欲不振、高血压者都适合适当进食菠萝	优质的菠萝呈圆柱形或两头稍尖的椭圆形，大小适中，果形端正，芽眼数量少
葡萄柚	健胃理气，疏肝解郁，有降低胆固醇的效用	葡萄柚含有丰富的维生素C，不仅可以消除疲劳，还可美白肌肤	柚皮细洁、表面油细胞呈半透明状、颜色呈淡黄或橙黄的，说明其成熟度高，汁多味甜

蜂蜜苦瓜姜汁

● 清热降火 + 排毒瘦身

【食材准备】苦瓜 50 克，柠檬 30 克，生姜 7 克，蜂蜜 10 毫升，冰块适量。

【料理方法】① 苦瓜洗净，对切为二，去籽，切小块备用。

② 柠檬去皮，切小块；生姜洗净，切片。

③ 将苦瓜、生姜、柠檬依次放进榨汁机榨成汁，加入蜂蜜调匀。

④ 蔬果汁倒入杯中，加入冰块即可。

饮用功效

此款饮品具有清热解暑、滋润皮肤的作用，还可以降火，解油腻。同时，对于肥胖人士来说，苦瓜有一定的减肥功效。

Tips：食材中的生姜要选择老姜，保留姜皮能够更好地发挥生姜的发散作用，所以切记制作时不要去姜皮。

食材名称	功效	补益建议	挑选窍门
苦瓜	清热解暑，清心明目	皮肤长痘、肥胖、糖尿病、高脂血症、便秘者可多食苦瓜。吃苦瓜应注意不要损伤脾肺之气。尽管夏季天气炎热，但人们也不可吃太多苦味食物，并且最好搭配辛味的食物（如辣椒、胡椒、葱、蒜）食用，这样可避免苦味入心，有助于补益肺气	纹路密而多、疙瘩颗粒大并且饱满丰厚的苦瓜肉厚，味道更加浓郁
柠檬	消暑消食，降脂，美白	高血压患者可以常食柠檬，咳嗽者尽量少吃，胃溃疡、十二指肠溃疡或胃酸过多者忌用	应选色泽鲜艳、没有疤痕且皮比较薄、捏起来比较紧实的柠檬

南瓜椰奶

● 通便排毒 + 滋养肌肤

【食材准备】南瓜 100 克，椰奶 50 毫升，红糖 10 克。

【料理方法】① 南瓜去皮，去瓤，切成丝，用水煮熟后捞起沥干。

② 将除红糖外的所有材料放入搅拌机内，加 350 毫升水搅拌成汁即可。

③ 饮用前加入红糖调味。

饮用功效

经常饮用此款饮品可帮助身体排毒，预防便秘。

Tips：黄色的南瓜果肉含有丰富的 β－胡萝卜素，能滋养肌肤，提高身体的抵抗力。

草莓芜菁橘子汁

● 整肠消食 + 调节情绪

【食材准备】草莓 20 克，芜菁 50 克，橘子 100 克，柠檬 30 克，冰块适量，白砂糖适量。

【料理方法】① 草莓洗净，去蒂；芜菁洗净，根和叶切成段备用；橘子洗净，去皮，去籽，切块；柠檬洗净之后切片。

② 将草莓、橘子、柠檬和芜菁根、叶一同放入榨汁机榨成汁。

③ 加入冰块及白砂糖调味即可。

饮用功效

草莓含有丰富的膳食纤维，可促进胃肠蠕动；而芜菁有开胃、消食的功效。用草莓和芜菁榨制而成的果汁可缓解便秘，缓解食不消化，改善情绪。

葡萄花椰梨汁

● 改善便秘 + 促进食欲

【食材准备】葡萄 150 克，花椰菜 50 克，梨 50 克，柠檬 30 克，冰块适量。

【料理方法】① 葡萄洗净，去皮，去籽；花椰菜洗净，切小块；梨洗净，去核，切小块；柠檬洗净，切块。

② 将葡萄、花椰菜、梨和柠檬放入榨汁机内榨汁。

③ 在蔬果汁中加入冰块搅匀即可。

饮用功效

此款饮品可改善便秘，缓解食欲不振。

Tips：此款饮品中的花椰菜可以选白色的菜花，也可以选绿色的西蓝花。菜花榨汁口感更细腻一些，西蓝花则含有更多的胡萝卜素。

葡萄香芹菠萝汁

● 清理肠道 + 降压排毒

【食材准备】葡萄 100 克，香芹 60 克，菠萝 90 克，柠檬 20 克，冰块适量。

【料理方法】① 葡萄洗净，去皮，去籽；菠萝去皮，切块。

② 柠檬洗净后切片；香芹洗净，切段。

③ 将葡萄、香芹、菠萝、柠檬放入榨汁机中榨汁。

④ 将蔬果汁倒入杯中，加入冰块即可。

饮用功效

此款饮品中香芹的粗纤维可帮助排出肠道内的垃圾，能有效地防治便秘，还可缓解高血压，对肝病、肾病也有一定辅助疗效。

Tips：香芹与菠萝都有降压降脂的功效，二者配合，效果加倍。

双果柠檬汁

● 调节血脂 + 预防便秘

【**食材准备**】芒果 100 克，人参果 100 克，柠檬 30 克，冰块适量，冷开水 100 毫升。

【**料理方法**】① 将芒果与人参果洗净，去皮，取果肉，切小块，放入榨汁机榨汁。

② 将柠檬洗净，切块，放入榨汁机中榨汁。

③ 将柠檬汁、冰块、冷开水与芒果人参果汁搅匀即可。

饮用功效

人参果是一种高蛋白、低脂肪、低糖的水果，富含多种维生素、矿物质以及人体必需的多种氨基酸等。食用人参果对人体十分有益，具有防治糖尿病、心脏病，调节血脂的功效。

Tips：常饮此款果汁可辅助调节血脂水平。

甘蔗番茄汁

● 消暑解渴 + 通便利尿

【**食材准备**】甘蔗 200 克，番茄 100 克。

【**料理方法**】① 甘蔗去皮，放入榨汁机中榨汁。

② 番茄洗净，去蒂，切块，放入榨汁机内榨汁。

③ 将甘蔗汁与番茄汁倒入搅拌机中搅匀即可。

饮用功效

甘蔗味甘，性寒，入肺、脾、胃经，具有清热、生津及解酒之功效。甘蔗汁可消暑解渴，通便利尿，可解夏暑秋燥。

Tips：此款饮品可改善胃热、口苦等症状，对消化不良也有一定的作用，但脾胃虚寒者不宜饮用。

桃香苹果汁

● 清理肠胃 + 顺畅排便

【食材准备】桃子 100 克，苹果 100 克，柠檬 30 克，冰块适量。

【料理方法】① 将桃子洗净，对切为二，去核。
② 苹果洗净，去核，切块；柠檬洗净，切片。
③ 将苹果、桃子、柠檬依次放进榨汁机中榨汁，放入冰块即可。

饮用功效

此款饮品可整肠排毒。苹果中含有丰富的粗纤维，可排出体内的有毒物质，清理肠胃。

Tips：苹果皮中含有丰富的营养，因此此款饮品保留了苹果皮。在制作前，可用小苏打清洗苹果皮，洗净上面残留的农药。

苹果黄瓜汁

● 排出毒素 + 降压利尿

【食材准备】苹果 100 克，小黄瓜 100 克，柠檬 30 克，冰块少许。

【料理方法】① 苹果洗净，去核，切块。
② 小黄瓜洗净，切段。
③ 柠檬洗净，连皮切成块。
④ 把苹果、小黄瓜、柠檬放入果汁机中搅匀，最后在果汁中加入少许冰块即可。

饮用功效

常饮此款饮品能收到整肠、利尿降压的功效，有助于排出体内的毒素。

Tips：小黄瓜热量非常低，且口味清淡爽口，夏日饮用此款饮料还有解暑的作用。

香蕉苹果梨汁

● 消除疲劳 + 排毒养颜

【**食材准备**】梨 100 克，苹果 100 克，香蕉 50 克，葡萄柚 80 克，柠檬 20 克，冷开水适量，蜂蜜 30 毫升，冰块少许。

【**料理方法**】① 梨、苹果洗净，去核，切块；香蕉剥皮后切块；葡萄柚去皮，取果肉切块；柠檬洗净后切块备用。

② 将梨和苹果块倒入榨汁机中，加冷开水榨成汁。

③ 将其余水果放入果汁机搅拌成汁，与苹果梨汁搅拌均匀，再加入蜂蜜和冰块即可。

饮用功效

此款饮品具有消除疲劳、改善便秘、排毒养颜的功效。

Tips：葡萄柚中的酶有利于分解糖分和脂肪，饭后食用半个葡萄柚，有助于减肥瘦身。

食材名称	功效	补益建议	挑选窍门
梨	润肺清心，消痰止咳，可以帮助消化肉类	干咳少痰、失眠多梦者食梨有缓解症状的作用	选表皮细腻、没有虫蛀和破皮的，且其外形要饱满，大小适中，没有损伤
香蕉	养阴润燥，滑肠通便	香蕉可以缓解动脉硬化，提高人体免疫力	以香蕉果柄没有受损，且整体呈现半圆形为佳
苹果	健脾胃，通便，有降低胆固醇的效用	其膳食纤维的含量很高，可抑制胆固醇的升高	“红富士”苹果要选黄里透红、带红条的；“黄元帅”则要选颜色发黄的，麻点越多越好

木瓜鲜奶蜜

● 和胃缓急 + 护肝排毒

【食材准备】木瓜 150 克，鲜奶 200 毫升，蜂蜜 10 毫升，山竹汁 30 毫升。

【料理方法】① 将木瓜洗净，去皮，去籽，切成小块。

② 将木瓜与鲜奶、蜂蜜、山竹汁放入果汁机，搅匀即可。

饮用功效

木瓜与鲜奶中的营养成分丰富，尤其是木瓜所含的齐墩果酸成分，是一种具有护肝、抗炎抑菌等功效的化合物，能促进肝细胞再生，有效地排出体内的毒素。

Tips：剥山竹壳时注意不要将紫色汁液染在果肉上，因为汁液会影响果肉口感。

食材名称	功效	补益建议	挑选窍门
木瓜	消食驱虫，和胃缓急	木瓜蛋白酶能帮助蛋白质消化，可用于消化不良、胃炎等症。木瓜对多种病原菌均有抑制作用。木瓜蛋白酶、番木瓜碱有驱除寄生虫的作用	木瓜的果皮一定要亮，橙色要均匀，不能有色斑。木瓜的果肉一定要结实
鲜奶	生津润肠，促进睡眠	鲜奶能促进睡眠安稳，泡鲜奶浴可以缓解失眠；鲜奶中的碘、锌和卵磷脂能大大提高大脑的工作效率；鲜奶还能润泽肌肤，经常饮用可使皮肤白皙、光滑、充满弹性	低脂或脱脂鲜奶适合需限制或减少饱和脂肪摄入量的成年人。2 岁以下婴儿脑部的发育需要更多优质脂肪，应该喝全脂鲜奶

西瓜柠檬汁

● 利尿排毒 + 清肠通便

【食材准备】 西瓜 200 克，柠檬 50 克，蜂蜜 30 毫升。

【料理方法】 ① 西瓜去皮，去籽，切成小块，用榨汁机榨出汁。
② 柠檬洗净，切块，榨汁。
③ 将西瓜汁与柠檬汁混合，加入蜂蜜，拌匀即可。

饮用功效

用西瓜和柠檬制成的果汁香甜止渴，能帮助排出体内多余水分。若能在下午 3 点前饮用此款果汁，更能发挥其通便、利尿的功效。

Tips：这是一款非常清凉爽口的饮品，不只可以通便，更有解暑的功效。夏日喝时，可依据个人口味加入冰块，更添凉爽。

胡萝卜梨汁

● 改善便秘 + 养肝护肝

【食材准备】 梨 100 克，胡萝卜 100 克，柠檬 30 克，冰块适量。

【料理方法】 ① 梨洗净，去皮，去核，切块。
② 胡萝卜洗净，切块。
③ 柠檬清洗干净后切片。
④ 将胡萝卜、梨、柠檬片放入榨汁机中榨汁。
⑤ 向蔬果汁中加入适量冰块即可。

饮用功效

此款饮品能护肝养肝，改善便秘，同时还具有利尿作用。但在饮用过程中要注意不可与酒精同食，否则易损害肝脏。

Tips：冰块的添加是为了增加凉爽感，将冰块换成薄荷叶，也有清凉利咽的效果。

葡萄芋头梨汁

● 化痰祛湿 + 健脾益胃

【食材准备】 葡萄 150 克，芋头 50 克，梨 100 克，柠檬 50 克，冰块少许。

【料理方法】 ① 葡萄洗净；芋头洗净，煮熟，去皮后切段；梨去皮，去核，切块；柠檬洗净，切片。

② 在榨汁机内放入少许冰块，将材料交错放入，压榨成汁即可。

饮用功效

芋头含有丰富的膳食纤维，对缓解便秘有很好的效果。芋头具有化痰祛湿、益脾胃的功效，对便血有一定的疗效。

Tips：此款蔬果汁可改善便秘、贫血等症状，对皮肤过敏、皮肤干燥也有一定作用。

番茄柠檬汁

● 加速排毒 + 延缓衰老

【食材准备】番茄 200 克，柠檬 30 克，冷开水 250 毫升，盐适量，冰块少许。

【料理方法】 ① 番茄洗净，去蒂，切成小块；柠檬洗净，切片，榨成汁。

② 将冷开水、盐及番茄一起放入搅拌机内搅拌成汁，过滤后加柠檬汁和冰块调味即可。

饮用功效

番茄的美容功效很好，常吃可使皮肤细滑白皙，延缓衰老。番茄中的番茄红素具有抗氧化功能，有防癌的效果，且对动脉硬化患者有很好的食疗作用。

Tips：此款饮品可消除疲劳，有助于排毒和嫩肤。

芜菁苹果汁

● 清热解毒 + 利尿消肿

【食材准备】 苹果 100 克，柠檬 50 克，芜菁 100 克，冰糖适量。

【料理方法】 ① 苹果洗净，去核，切块。
② 柠檬洗净，切块；芜菁洗净后切除叶子。
③ 将柠檬放进榨汁机，用挤压棒挤压出汁。
④ 将苹果和芜菁一同放入榨汁机，榨成汁。
⑤ 加入冰糖调味即可。

饮用功效

此款饮品具有消肿利尿的作用，能避免身体水肿，常喝还可达到清热解毒、减肥瘦身的目的。

Tips：芜菁就是我们俗称的“大头菜”，很多人容易将它与白萝卜混淆。其实二者有明显区别，芜菁成熟后肉质较松软，白萝卜成熟后则脆嫩多汁。不过两者在药用价值跟食用价值上都较为接近。

食材名称	功效	补益建议	挑选窍门
芜菁	健胃消食，解毒，消肿，内服一般煮食或捣汁饮用，外用则捣敷	可用于饮食积滞之胸闷、胃腹胀痛、食欲不振、腹痛、腹泻及痢疾、疮疥肿毒等症；但不可多食，多食会动气，不利于健康	应选表皮翠绿、没有变黄的，球茎表皮最好有雾白色的果粉。表皮是否翠绿、是否带有果粉，是判别芜菁新鲜与否的标准
冰糖	养阴生津，润肺，健脾和胃	可用于肺阴亏虚，症见咳嗽痰少或干咳无痰、咯血等，多见于肺结核、慢性支气管炎、支气管扩张等。必须注意的是，胃中有痰湿者不宜食用，糖尿病患者也不宜食用	冰糖有透明、白色、微黄、微红、深红等色。冰糖以透明者质量最好，纯净、杂质少、口味清甜、半透明者次之

柠檬芒果汁

● 促进消化 + 加速排毒

【食材准备】芒果 300 克，柠檬 30 克，冷开水 200 毫升，白砂糖 30 克。

【料理方法】① 芒果去皮，去核，切成块。

② 柠檬洗净，切片。

③ 将除白砂糖外的所有材料放入搅拌机内打碎搅匀。

④ 加入白砂糖调味即可。

饮用功效

芒果含丰富的膳食纤维。将芒果与柠檬榨汁饮用，能促进肠胃的蠕动，使体内毒素迅速排出体外。常饮此饮品可增加胃肠活力，有去脂瘦身的效果。

Tips：早在六千多年前，就有人发现了芒果的神奇功效——美容减肥。

食材名称	功效	补益建议	挑选窍门
芒果	芒果有预防感冒和抗肿瘤的作用，还可以美容减肥、通便排毒	胃阴虚者可取鲜芒果（洗净，去皮，切片）1~2 个、蜂蜜适量，加水煎服。咳嗽痰多者可取鲜芒果 1 个，洗净并去核后吃果肉及皮，一日 3 次	一般选择果粒较大，果色鲜艳均匀，表皮无黑斑、无伤疤，味道浓郁的。较重的芒果水分多，口感好。轻按果肉，成熟的芒果更有弹性
白砂糖	润心肺燥热，解酒和中，助脾气，缓肝气	肺虚咳嗽者可取白砂糖 100 克、白萝卜 250 克，加水煮服；酒醉者可取白砂糖 100 克、香醋 30 克，煮汤饮之	白砂糖以外观干燥松散、洁白、颗粒均匀、晶莹有闪光者为佳

柠檬香瓜橙汁

● 通利小便＋滋润皮肤

【食材准备】柠檬50克，柳橙100克，香瓜200克，冰块少许。

【料理方法】① 柠檬洗净，切块；柳橙去皮，去籽，切块。

② 香瓜洗净，削掉外皮，去瓤，切成块。

③ 将柠檬、柳橙、香瓜按顺序放入果汁机内打成汁。

④ 果汁中加少许冰块，再依个人口味调味即可。

饮用功效

此款饮品具有滋润皮肤、开胃的功效，同时还有利尿的功效。将几种瓜果组合在一起榨汁饮用，能使营养更加全面。

葡萄芜菁汁

● 利尿消肿＋镇静安神

【食材准备】葡萄150克，芜菁50克，柠檬30克，冰块少许。

【料理方法】① 葡萄剥皮，去籽；芜菁洗净，叶和根切开，根部切成适当大小。

② 柠檬洗净，切片后放入榨汁机。

③ 葡萄用芜菁叶包裹，放入榨汁机。

④ 芜菁根、剩余的芜菁叶与榨汁机内材料一起榨成汁，加冰块即可。

饮用功效

此款饮品可镇静安神，改善便秘，对高血压、肾病等都有一定的辅助疗效，还能改善面部浮肿以及小便不利等症。

Tips：如果不喜太甜，可适当减少葡萄用量，或增加冰块量。

紫苏菠萝蜜汁

● 润滑肠道 + 清热消暑

【食材准备】 紫苏 50 克，菠萝 30 克，梅汁 15 毫升，冷开水 300 毫升，蜂蜜 10 毫升。

【料理方法】 ① 紫苏洗净备用。
② 菠萝去皮，洗净，切成小块。
③ 将紫苏、菠萝、梅汁倒入榨汁机内，加入冷开水和蜂蜜搅打成汁即可。

饮用功效

用紫苏和菠萝一起榨汁饮用，既能起到美容滋补的功效，又能消除疲劳、紧张感，同时还能润滑肠道。梅汁有清热开胃的功效，可以消暑止渴。

Tips：此处所用的梅汁最好用青梅榨汁，将青梅洗净，去皮，去核，用纱布袋绞取汁液或用榨汁机榨汁均可。

土豆胡萝卜汁

● 行气利尿 + 减肥塑身

【食材准备】 土豆 40 克，胡萝卜 10 克，糙米饭 30 克，白砂糖 10 克，冷开水 350 毫升。

【料理方法】 ① 土豆去皮，切丝，用沸水焯烫后捞起，以冰水浸泡片刻，沥干。
② 胡萝卜洗净，切成块。
③ 将土豆、胡萝卜、糙米饭与白砂糖倒入果汁机中，加入冷开水搅拌成汁即可。

饮用功效

胡萝卜与土豆一起榨汁，能行气，利尿，通便，对减肥也有一定功效。

Tips：食材中的糙米饭须提前制作，糙米用清水浸泡 6~8 小时，和大米混合后用电饭煲煮熟即可。

鲜藕香瓜梨汁

● 润肺通便 + 利尿祛暑

【食材准备】梨 100 克，香瓜 200 克，莲藕 100 克，冰块适量，柠檬适量。

【料理方法】① 梨洗净，去皮，去核，切块；香瓜去皮，去瓤，切块；莲藕洗净，去皮，切片；柠檬洗净，切片。

② 将梨、香瓜、莲藕、柠檬放入榨汁机内榨汁，再在蔬果汁中加冰块即可。

饮用功效

莲藕是含铁量很高的根茎类食物，比较适合缺铁性贫血的病人；又富含维生素C和膳食纤维，能润肺通便，清热生津，尤其适合作为夏季的消暑食物。莲藕还具有收缩血管的作用，有“活血而不破血，止血而不滞血”的特点。

白菜糙米汁

● 通利肠胃 + 清热解毒

【食材准备】大白菜 100 克，生姜 10 克，糙米饭 30 克，冷开水 350 毫升，白砂糖 5 克。

【料理方法】① 大白菜洗净，切碎；生姜洗净后备用。

② 将大白菜、生姜、糙米饭倒入果汁机中，加入冷开水搅打成汁。

③ 将蔬菜汁倒入杯中，再加入白砂糖即可。

饮用功效

大白菜是营养很丰富的蔬菜，具有通利肠胃、清热解毒的功效，其所含的丰富的粗纤维可以预防很多消化系统疾病。白菜汁中所含的微量元素硒有助于防治弱视，还有助于增强人体内白细胞的杀菌能力和抵抗重金属对机体的伤害。

桂圆枸杞蜜枣汁

● 滋阴养颜＋温补心脾

【食材准备】桂圆 30 克，枸杞子 20 克，胡萝卜 150 克，蜜枣 10 克，白砂糖适量，冰块少许。

【料理方法】① 桂圆去壳，去核；枸杞子洗净；胡萝卜去皮后切丝；蜜枣洗净，去核备用。
② 将处理好的材料与白砂糖倒入锅中，加水煮至水量剩约 300 毫升时关火，静待冷却。晾凉后倒入果汁机内，加冰块搅打成汁即可。

饮用功效

桂圆营养价值很高，富含碳水化合物、蛋白质、多种氨基酸和维生素，常食可温补心脾，补益气血。

Tips：此款饮品可滋阴养颜，改善便秘，消除疲劳。

甜柿胡萝卜汁

● 清热止渴＋凉血止血

【食材准备】甜柿 150 克，胡萝卜 60 克，柠檬 30 克，果糖 10 克。

【料理方法】① 甜柿、胡萝卜洗净，去皮，切成小块；柠檬洗净，切片。
② 将甜柿、胡萝卜和柠檬放入榨汁机中榨汁。
③ 将果糖加入蔬果汁中，搅匀即可。

饮用功效

中医认为，柿子性寒，味涩，具有清热止渴、凉血、止血的功效。软熟的柿子还可以解酒毒，适用于燥咳等症。

Tips：此款蔬果汁可缓解宿醉，增强体力。脾胃虚寒、痰湿内盛者不宜饮用。

香芹柠檬苹果汁

● 酸甜可口 + 利尿降压

【食材准备】苹果 100 克，香芹 100 克，水萝卜少许，柠檬 50 克，冰块适量。

【料理方法】① 苹果去皮，去核，切块；香芹洗净，茎、叶分开切成段；水萝卜、柠檬洗净，连皮切成块。

② 将水萝卜、柠檬放入果汁机内打汁，再将香芹的叶子、茎和苹果先后放入果汁机内打汁。

③ 将蔬果汁倒入杯中，加入冰块即可。

饮用功效

此款饮品对小便不利、肝阳上亢、烦热不安等症具有很好的缓解作用，尤宜秋冬两季干燥时节饮用。

Tips：取水萝卜 100 克、芹菜 150 克、鲜车前草 30 克，将它们洗净，捣碎取汁，小火炖沸后温服，每日 1 次。此食方可清热，利湿，消肿，适用于湿热内蕴、口苦及腹胀等症。

食材名称	功效	补益建议	挑选窍门
香芹	清热平肝，祛风利湿，醒脑健神	香芹对神经衰弱、月经失调、痛风、肌肉痉挛有一定的辅助食疗作用；它还能促进胃液分泌，增加食欲。便秘的人经常吃点儿香芹可刺激胃肠蠕动，利于排便	同一品种，茎偏“高、细”的芹菜一般口感比较嫩，而茎“矮、粗”的芹菜相对口感比较老，但其芹菜味比较浓
水萝卜	性凉，多水，味道微甜、微辣，入脾、肺、胃经，可增强食欲，防癌抗癌	多吃水萝卜可预防感冒、舒缓情绪，还能顺气、醒酒、化痰、利尿等。水萝卜为寒凉蔬菜，脾胃虚寒者不宜多食；并且服用人参、西洋参时不宜吃水萝卜	新鲜的水萝卜，表皮鲜红，内瓤嫩白，表面较硬实。若水萝卜最前面的须是直的，多半也较新鲜

柳橙蜜汁

● 生津止渴＋清热利尿

【食材准备】柳橙200克，桃子100克，蜂蜜适量。

【料理方法】① 柳橙、桃子去皮，取果肉切成小块。

② 将柳橙、桃子果肉放入榨汁机内榨汁。

③ 果汁中加入蜂蜜并搅拌均匀即可。

饮用功效

此款饮品味道酸甜适口。柳橙能够生津止渴，蜂蜜能润燥通便，二者合一各取其长，能够帮助人体排出肠道内的宿便。此款饮品秋冬季饮用更有润泽皮肤、补充丰富维生素的效果。饮用时，可将果汁加热到温热的程度，再行添加蜂蜜即可。

Tips：桃子还可用于阴血不足所致的便秘、不思饮食、腹部胀满、痛经瘀证等。便秘或痛经者可取新鲜桃子生食；气虚喘咳者可取鲜桃3个，削去外皮，加冰糖30g，隔水炖烂后去核食用。

食材名称	功效	补益建议	挑选窍门
柳橙	中医认为柳橙性味酸凉，具有降逆止呕、理气宽胸的作用	适宜恶心呕吐、食积腹胀、热病烦渴、酒精中毒等人群食用。大病、久病后气阴两虚、脏气薄弱者，不宜食用伤伐正气之品，而柳橙会伐胃伤气，所以不宜食用	选购柳橙时，选择橙皮颜色黄一些的为佳，因为颜色黄一些的，营养价值更高
桃子	桃子果肉具有生津、活血的功效；桃仁具有活血消积、润肠通便的功效	桃子含铁丰富，可用于缺铁性贫血的辅助治疗；桃子含有的有机酸和膳食纤维可促进胃肠蠕动，有利于消化食物；桃子含钾多，含钠少，具有一定的利水作用，适合水肿患者食用	顶尖红艳且下半部分颜色发白的桃子，不仅好看，味道也不错；大小差不多的桃子，越重的水分越多，吃起来多半更甜

菠萝果菜汁

● 利尿通便＋消除疲劳

【食材准备】 柠檬 30 克，西芹 50 克，菠萝 100 克，茭白 60 克，冰块和薄荷叶各少许。

【料理方法】 ① 柠檬洗净，连皮切成块；西芹洗净，茎、叶分别切段；菠萝取肉，切块备用；茭白洗净，切块；薄荷叶洗净。

② 取柠檬、菠萝、茭白及西芹的茎榨汁，西芹的叶折弯后榨成汁。

③ 蔬果汁倒入杯中，加冰块和薄荷叶即可。

饮用功效

此款饮品可消除疲劳，改善便秘症状。

Tips：因茭白能清暑除烦且止渴，所以此款饮品非常适合夏季饮用，还能解除酒毒，治酒醉不醒。

香蕉苹果汁

● 润肠通便＋排毒瘦身

【食材准备】 苹果 80 克，香蕉 100 克，酸奶 200 毫升。

【料理方法】 ① 苹果洗净，去皮，去核，切成小块。

② 香蕉去皮，切成小块。

③ 将所有材料放入榨汁机内榨汁即可。

饮用功效

香蕉、苹果都具有润肠通便的功效，将这两种水果榨汁，加入酸奶饮用，可以避免毒素在体内的积存，排毒瘦身。

Tips：此款饮品冬夏都适宜，夏天暑热，可加入冰镇酸奶；冬天应少食寒凉之物，可换为常温酸奶。

芒果茭白鲜奶

● 通利二便＋清热消暑

【食材准备】芒果150克，茭白100克，柠檬30克，鲜奶200毫升，蜂蜜10毫升。

【料理方法】① 芒果去皮，去核，取果肉。

② 茭白洗净，切块备用。

③ 柠檬去皮，切成小块。

④ 把芒果、茭白、柠檬、鲜奶、蜂蜜放入果汁机内，打碎搅匀即可。

饮用功效

此款饮品具有促进胃肠蠕动、通利大小便的功效。茭白的营养价值高，有祛暑、止渴、利尿的功效。将茭白与芒果一起榨汁饮用，营养丰富，口味独特。

卷心菜芒果蜜汁

● 消除疲劳＋提振精神

【食材准备】卷心菜150克，芒果100克，柠檬50克，蜂蜜适量，冰块少许。

【料理方法】① 卷心菜洗净；柠檬洗净，连皮切成块。

② 剥去芒果皮，用汤匙挖出果肉，包在卷心菜叶里。

③ 将包了芒果的卷心菜与柠檬一起放入榨汁机里榨汁。

④ 加入蜂蜜、冰块搅匀即可。

饮用功效

此款饮品可消除疲劳，提振精神，缓解胃溃疡等症。

Tips：卷心菜最好选取较嫩的菜叶，榨汁后口感更为细腻。

桑葚青梅阳桃汁

● 利尿解毒 + 提高免疫

【食材准备】桑葚 80 克，青梅 40 克，阳桃 50 克，冷开水 200 毫升。

【料理方法】① 桑葚洗净；青梅洗净，去核；阳桃洗净后切块。

② 将所有材料放入果汁机中搅打成汁即可。

饮用功效

阳桃具有清热止渴、利尿解毒、醒酒等功效。新鲜阳桃富含碳水化合物、脂肪、蛋白质等营养成分，其中大量的维生素 C 能提高免疫力，对咽喉炎、口腔溃疡、牙痛有很好的辅助疗效。

Tips：此款果汁能刺激胃液分泌，促进食欲，因此很适合饱食之后用以帮助消化，清理肠胃。

山药菠萝枸杞汁

● 增强免疫 + 助益消化

【食材准备】山药 80 克，菠萝 50 克，枸杞子 25 克，蜂蜜 10 毫升。

【料理方法】① 山药去皮，洗净，以冷水浸泡片刻，沥干后切段备用。

② 菠萝去皮，洗净，切块；枸杞子洗净备用。

③ 将山药、菠萝和枸杞子搅打成汁，再加蜂蜜拌匀即可。

饮用功效

本饮品有滋养强身、助消化、敛汗、止泻等作用。山药是虚弱、疲劳或病愈者恢复体力的上佳食品，经常食用还能提高免疫力，降低胆固醇。

Tips：此款饮品还可改善更年期综合征。

油菜苹果汁

● 排毒养颜＋强身健体

【食材准备】苹果 150 克，油菜 100 克，李子 50 克，冰块少许。

【料理方法】① 苹果洗净，去皮，去核，切块。
② 油菜洗净备用，李子洗净后去核切成块。
③ 将李子放入榨汁机压榨成汁，苹果、油菜同样压榨成汁。
④ 将蔬果汁倒入杯中，再加入冰块即可。

饮用功效

油菜含有大量维生素及钙质，非常适宜制作蔬菜汁。常饮油菜苹果汁，除了可以排毒养颜外，对动脉硬化、便秘、高血压也有一定疗效。

Tips：油菜有很好的食疗作用。取鲜嫩油菜心 100 克、冰糖 20 克，将冰糖揉入鲜嫩油菜心内，蒸熟食用，能缓解肺热咳喘；偏头痛者取油菜籽 10 克、川大黄 30 克，共捣细为散，取少量吹入鼻内，可缓解症状。

食材名称	功效	补益建议	挑选窍门
 油菜	油菜味辛、甘，性凉，入肺、肝、脾三经；具有清肺止咳、利肠止血、清热消毒、和血散肿的功效	因油菜含有较多维生素 C，常食油菜可提高免疫力。油菜中所含的维生素 C、胡萝卜素是人体黏膜及皮肤上皮组织维持生长的重要营养物质，故常食油菜有美容作用	油菜的叶子颜色有淡绿、深绿之分，一般淡绿的质量、口感都较好；另外，油菜还有青梗、白梗之分，白梗味清淡，青梗味更浓郁
 李子	李子有清泻肝热、生津利水、促进胃酸和消化酶分泌的作用，还有增强胃肠蠕动的作用	骨蒸潮热、热病烦渴、水肿、小便不利及肝硬化腹水等人适合适量进食李子。食欲不振的人可取适量鲜李子、葡萄干，饭前嚼食	品质优的李子形状小而圆，且表面光滑；果皮光亮，半青半红；果肉结实，软硬适中

苹果白菜樱桃汁

● 美颜瘦身 + 通便排毒

【食材准备】 苹果 150 克，大白菜 100 克，樱桃 50 克，冰块少许。

【料理方法】 ① 苹果洗净，去核，切块；大白菜洗净，撕块；樱桃洗净，去核。

② 将樱桃、大白菜、苹果依次放入榨汁机内榨汁。

③ 将蔬果汁倒入杯中，加少许冰块即可。

饮用功效

此款饮品具有利尿解毒的作用，能够帮助人们排出体内毒素，从而达到健康纤体的功效。尤其是大白菜，它含有丰富的粗纤维，能刺激胃肠蠕动，防止粪便干燥，辅助治疗便秘。大白菜中的维生素还有降低人体胆固醇水平、增加血管弹性的作用。

Tips：减肥期间每天感到饥饿就先吃一个苹果，这样可以减少主食进餐量。如果感觉口渴，可饮用白开水及一些绿茶。这种苹果减肥法坚持一周便可见效。

食材名称	功效	补益建议	挑选窍门
大白菜	大白菜味甘，性平，具有宽中养胃、消食除烦、利水消肿的作用	常食大白菜可预防动脉粥样硬化和某些心血管疾病。大白菜里含有大量粗纤维，可以促进人体胃肠蠕动，帮助排便。服用维生素 K 时不宜食用大白菜，否则可影响维生素 K 的止血效果	要挑卷得密实的大白菜，根部小一点的更好；再看手感，好的大白菜非常结实，入手较沉
樱桃	樱桃味甘，性温，归脾经，能补中益气，健脾祛湿，美容养颜	樱桃含铁量极高，还含有大量的维生素 A、蛋白质等，适量食用，可以抗炎镇痛，缓解关节疼痛。须注意的是，樱桃性温热，热性病及虚热咳嗽者忌食，高钾血症者也须忌食	果皮颜色呈大红或暗红色则说明樱桃已成熟，口感较好；用手轻触樱桃，如表面较硬，则樱桃的口感会比较脆甜

西芹葡萄柚汁

● 清肠排毒＋预防便秘

【食材准备】 冬瓜 30 克，西芹 80 克，葡萄柚 150 克，冰块少许。

【料理方法】 ① 西芹洗净后茎切段，叶切碎；冬瓜去皮，去籽，洗净，切块。

② 葡萄柚剥皮后，取果肉切块。

③ 将冬瓜和葡萄柚榨汁，再将西芹的茎及叶子放入榨汁机中榨汁。

④ 将蔬果汁倒入杯中混合，加入少许冰块即可。

饮用功效

冬瓜与葡萄柚一起榨汁饮用，有助于生津止渴、消除疲劳、缓解便秘、排毒养颜。

Tips：将葡萄柚皮内面的白筋撕净，放在通风处吹干，再晒干水分。用纱布袋子装好保存，放于衣柜角落或米桶内，可用来防蚊虫。

食材名称	功效	补益建议	挑选窍门
 西芹	平肝清热，祛风利湿，除烦消肿，健胃清肠，降压降脂	适合高血压、动脉硬化、高血糖、缺铁性贫血患者食用；西芹性凉质滑，脾胃虚寒、大便溏薄者不宜多食。由于西芹有降血压的作用，故血压偏低者慎食	西芹要选购茎粗壮、叶梗厚实的，这样的纤维少，比较脆口；叶梗较薄的西芹纤维多，口感较差
 冬瓜	冬瓜利水消痰，清热解毒，可治肺热咳嗽、气喘、热病口渴或水肿、小便不利等	冬瓜属典型的高钾低钠型蔬菜，对需进食低钠盐食物的肾病、高血压、水肿患者大有益处。冬瓜性寒，腹泻便溏、胃寒疼痛者忌食	炒冬瓜要挑深绿皮的，这种冬瓜肉质厚实，炒着不容易出汤；煮冬瓜汤可选浅绿皮的，这种冬瓜表皮白霜较多，肉质薄且松软，容易入味

木瓜香蕉鲜奶

● 改善便秘 + 排毒瘦身

【食材准备】木瓜 150 克，香蕉 100 克，鲜奶 250 毫升。

【料理方法】① 木瓜洗净，去皮，去籽，切成小块。

② 香蕉剥皮，切成块。

③ 将木瓜、香蕉、鲜奶放入搅拌机内搅拌约 1 分钟即可。

饮用功效

此款饮品能助消化、缓解便秘，有美白皮肤的功效。木瓜营养丰富，能理气和胃、平肝舒筋，和香蕉一起榨汁饮用有助于改善睡眠，具有镇静的作用。

Tips：此款饮品口味极佳，夏天冰镇后饮用更是别有一番风味。

苹莓果菜汁

● 养颜排毒 + 安神助眠

【食材准备】苹果 100 克，草莓 20 克，番茄 50 克，生菜 50 克，冷开水适量。

【料理方法】① 苹果洗净，去皮，去核，切成块；草莓洗净，去蒂。

② 番茄洗净，去蒂后切成小块。

③ 生菜洗净，撕成小片。

④ 将所有材料放入果汁机中，加适量水搅打成汁即可。

饮用功效

此款饮品具有助消化、健脾胃、润肺、养颜排毒、安稳睡眠的功效。生菜嫩茎中的白色汁液有安眠功效，与水果一起榨汁，对改善睡眠质量有很好的效果。

草莓香芹芒果汁

● 通便排毒＋清利小便

【食材准备】草莓 100 克，芒果 150 克，香芹 80 克，柠檬适量，冰块适量。

【料理方法】① 草莓洗净，去蒂；芒果去核，去皮；香芹洗净，切段；柠檬洗净，切块。

② 将草莓、柠檬和芹菜放入榨汁机榨汁。

③ 将榨出来的蔬果汁连同冰块一起放入果汁机中，加入芒果搅拌 30 秒即可。

饮用功效

此款饮品为蔬果的混合汁，口味香甜，对小便短赤、暑热烦躁等有一定的疗效。

Tips：芒果能增加肠胃蠕动，对排出宿便很有帮助；香芹含有丰富的植物纤维，同样有增加肠胃蠕动的作用。

五色蔬菜汁

● 排出毒素＋改善肌肤

【食材准备】芹菜 150 克，卷心菜 100 克，香菇 1 个，胡萝卜 30 克，土豆 30 克，蜂蜜 50 毫升。

【料理方法】① 芹菜洗净，切段；卷心菜洗净，切片；香菇洗净，切块；胡萝卜、土豆洗净，去皮，切块。

② 土豆、胡萝卜、香菇用水焯熟后捞起沥干。

③ 将全部材料倒入果汁机内，加适量水搅打成汁即可。

饮用功效

此款饮品选用了丰富的蔬菜品种，具有很强的排毒功效，早晚各饮一杯，能够有效排出体内毒素，改善皮肤暗沉状态。

卷心菜蜜瓜汁

● 通便利尿 + 清热解暑

【食材准备】卷心菜 100 克，哈密瓜 60 克，柠檬 30 克，蜂蜜 10 毫升，冰块少许。

【料理方法】① 卷心菜叶洗净，卷成卷；哈密瓜去皮，去籽，切块；柠檬洗净后切成块。
② 将卷心菜、哈密瓜和柠檬放入榨汁机内榨汁。
③ 将蔬果汁倒入杯中，加入蜂蜜调味，最后加冰块即可。

饮用功效

此款饮品具有增进食欲、促进消化、预防便秘的功效，对消化道溃疡有着良好的食疗作用。卷心菜和哈密瓜都有通便利尿的功效，能清热解暑。

Tips：卷心菜中富含维生素 E，可促进人体内胰岛素的分泌，调节糖代谢，能有效预防由糖尿病引起的痛风、心脏病等并发症。卷心菜含糖量少，热量低，是糖尿病患者的理想食物。

食材名称	功效	补益建议	挑选窍门
卷心菜	壮筋骨，润脏腑，通便，利尿，调节糖代谢	动脉硬化患者、胆结石症患者、肥胖患者、孕妇及消化道溃疡者适宜食用卷心菜。皮肤瘙痒性疾病、眼部充血患者需忌食。因卷心菜含有膳食纤维量多且质硬，故脾胃虚寒、泄泻以及小儿脾弱者不宜多食	沉一些的卷心菜水分足，更新鲜。好的卷心菜底部白色部分是干净的，且很紧实。新鲜的卷心菜因为分量足，所以较硬；软绵绵的卷心菜则说明水分已经流失
哈密瓜	消暑除烦，补血养心，适合暑热烦渴、失眠、咳嗽、便秘等患者食用	中暑烦渴者可取哈密瓜切块，生吃或加入西芹捣汁饮服。因哈密瓜性寒，脾胃虚寒、腹胀者多食则可致病情加重，甚至引起腹泻、下痢。糖尿病患者不宜食用哈密瓜	成熟的哈密瓜色泽鲜艳，常见的有绿色带网纹的、金黄色的、花青色等几种。一般颜色深一些的瓜更成熟，如选黄色可以考虑深黄色的，会比浅色的甜一些

葡萄生菜梨汁

● 润肺生津 + 清脂排毒

【食材准备】葡萄 150 克，生菜 50 克，梨 100 克，柠檬 30 克，冰块少许。

【料理方法】① 葡萄、生菜分别洗净，葡萄去籽；梨去皮，去核，切块。

② 柠檬洗净后，带皮切成薄片。

③ 将葡萄用生菜包裹，与梨、柠檬顺序交错地放入榨汁机内榨汁。

④ 加少许冰块即可。

饮用功效

葡萄生菜梨汁结合了四种蔬果食材的优点，具有清热解毒、润肺生津的作用，能够帮助人体排毒。

Tips：葡萄汁被学者们誉为“植物奶”，常饮红葡萄酒或食葡萄制品，有益于防治恶性贫血。葡萄制干后，糖和铁的含量相对增加，是良好的补血剂。

食材名称	功效	补益建议	挑选窍门
葡萄	补气益血，滋阴生津，强筋健胃，通利小便	葡萄中的多种果酸有助于消化，适量食用，能健脾和胃。常食适量葡萄对神经衰弱、疲劳过度也大有裨益，还可以降低心血管疾病的发病风险	表面白霜厚、果梗新鲜的葡萄更新鲜。同一种葡萄，果实越大的越好吃。果粒间越紧密，说明葡萄生长过程中营养成分越充足，味道也会更好
生菜	性凉，味甘，归小肠、胃经。利尿，促进血液循环，消除多余脂肪，可用于瘦身减脂	生菜清热、养胃、安神，是夏季的食疗佳蔬。内热体质、高脂血症、肥胖、神经衰弱者适宜食用；脾胃虚寒者，肾虚所致小便清长、尿频者则不宜多食	球形生菜要选松软叶绿、大小适中的，质地硬的口感差；散叶生菜要选择大小适中，叶片肥厚、鲜嫩的

番茄香柚芒果汁

● 通便排毒＋消除疲劳

【食材准备】草莓50克，番茄100克，柚子50克，芒果100克，冰块少许。

【料理方法】① 草莓和番茄洗净，去蒂；柚子剥皮，取果肉掰成块。

② 芒果去皮，用汤匙挖取果肉。

③ 将草莓、番茄、柚子果肉和芒果肉放入榨汁机，压榨成汁。

④ 将蔬果汁倒入杯中，加冰块搅匀即可。

饮用功效

此款饮品能消除疲劳、缓解便秘，还能改善食欲不振等症。芒果能通便排毒，与其他几种水果放在一起榨汁饮用，营养更加丰富。

Tips：想消食开胃，可将柚子皮切丝与水同煮，代茶饮。常感冒咳嗽者可取1个鲜柚，留皮去核，加杏仁15克、浙贝母10克、银耳50克、蜂蜜适量，炖熟后常服。

食材名称	功效	补益建议	挑选窍门
番茄	生津止渴，健胃消食，主治口渴、食欲不振	番茄不宜空腹吃，否则易致胃不适、胀痛；未成熟的番茄含龙葵碱，对人体有害，食之易出现头晕、恶心等症状，严重者有生命危险。脾胃虚寒及月经期间的女性不宜多吃生番茄	如果要生吃，应买粉红色的，因为这种番茄酸味淡，生吃较好；要熟吃，就尽可能地买大红色的番茄，这种番茄味浓郁，烧汤和炒食风味都好
柚子	健胃消食，化痰止咳，宽中理气，解酒毒，可治食积腹胀、咳嗽痰多等	秋季非常适合食用柚子，不但可以补充营养，还可以解秋燥。柚子对高血压、糖尿病、血管硬化等疾病有辅助治疗作用，对肥胖者有健体功效。须注意的是，气虚体弱之人不宜多食柚子，高血压患者服药期间不宜吃柚子	同样大小的柚子，沉一点儿的更结实，水分多，口感也较好；同样重量的柚子，扁圆形的水分多，里面的果肉更结实，味道也更甜

第二章

纤体： 消脂塑身蔬果汁

短时间内采取药物或医学手段急剧地减重，多少都会给身体造成负担，如果平时就能善用天然蔬果汁的“神奇魔力”，不但省时省力，还能让你在保持身材窈窕之余兼顾身体健康。

草莓柳橙汁

● 降低血脂＋延缓衰老

【食材准备】柳橙 150 克，草莓 50 克，抹茶粉 20 克，冰糖 10 克。

【料理方法】① 柳橙洗净，对切压汁；草莓洗净，去蒂切小块。

② 将所有材料放入榨汁机内搅打成汁即可。

饮用功效

柳橙含有丰富的果胶、蛋白质、钙、磷、铁及 B 族维生素、维生素 C、胡萝卜素等多种营养成分，能软化和保护血管、降低胆固醇和血脂，有健胃、祛痰、镇咳、消食、止逆等功效，非常适合在干燥的秋冬季节食用。

Tips：经常饮用此款果汁可美白、抗衰老，使人体态健美。

草莓蜜桃菠萝汁

● 预防便秘＋健美塑身

【食材准备】草莓 80 克，水蜜桃 50 克，菠萝 70 克，冷开水 100 毫升，碎冰块适量。

【料理方法】① 草莓洗净，去蒂；水蜜桃去皮，去核后切成小块；菠萝去皮，切块。

② 将除碎冰块外的材料放入榨汁机内搅打 30 秒。

③ 将果汁倒入杯中，加入碎冰块即可。

饮用功效

水蜜桃富含矿物质、B 族维生素、维生素 E 等多种对人体健康有益的成分。吃水蜜桃可以解渴、滋润肌肤、活血化瘀等。此外，水蜜桃还含有丰富的膳食纤维，有润肠作用，可防治便秘。

Tips：草莓含有天冬氨酸，具有健胃、减肥的功效。经常饮用此款果汁可使人体态健美。

菠萝柳橙汁

● 抗炎排毒 + 促进消化

【食材准备】菠萝100克，柳橙50克，蛋黄15克，冰块100克，蜂蜜10毫升，冷开水45毫升。

【料理方法】① 菠萝去皮后切小块，压汁；柳橙洗净，对切后压汁备用。

② 将菠萝汁、柳橙汁及其他材料倒入摇杯中盖紧，摇动10～20下，倒入杯中即可。

饮用功效

此款饮品具有帮助消化、抗炎、排毒、降血压的功效。

Tips：蛋黄中含有促进大脑、骨骼发育的有益成分，幼儿、青少年、孕妇和营养不良的人群可适量食用，做成果汁饮用效果更佳。

冰糖菠萝汁

● 促肠蠕动 + 消脂瘦身

【食材准备】菠萝250克，碎冰块60克，冰糖适量。

【料理方法】① 菠萝去皮后切小块。将菠萝块用稀盐水或糖水浸泡一会儿后取出洗净，沥干水。

② 将所有材料放入果汁机内，高速搅拌30秒即可。

饮用功效

菠萝含有丰富的菠萝朊酶，能分解蛋白质，帮助消化。尤其是过食肉类及油腻食物后，饮用此款饮品更有明显的促肠蠕动、消脂瘦身功效。

Tips：冰糖的理化性质与精炼砂糖相同。冰糖通常用作中药引子，在不少国家被当作医治伤风感冒的良药，受到广大消费者的喜爱。

黄瓜水果汁

● 窈窕瘦身＋润泽肌肤

【食材准备】黄瓜 250 克，苹果 150 克，青柠 30 克，山竹肉 15 克。

【料理方法】① 黄瓜洗净，切成小块。

② 苹果洗净，去皮，去核，切块。

③ 青柠洗净，切成片。

④ 将所有材料放入榨汁机内榨成汁，再倒入杯中拌匀即可。

饮用功效

此款饮品可延缓皮肤衰老，其中丰富的 B 族维生素可防治口角炎、唇炎，还能润滑皮肤，保持身材苗条。

Tips：黄瓜皮含脱氢乙醇，这种物质是蟑螂的克星，一旦黏附住蟑螂的触须，便会引起它们强烈的痛感，使其迅速逃离。故在蟑螂出现之处放些黄瓜皮，可见佳效。

食材名称	功效	补益建议	挑选窍门
黄瓜	清热利水，解毒消炎，适宜糖尿病、肥胖、高血压、高脂血症、水肿、热病患者食用	黄瓜具有极强的利尿效果，也被视为“消暑蔬菜”。黄瓜肉质脆嫩，汁多味甘，生食生津解渴，且有特殊芳香。黄瓜富含蛋白质、维生素C、维生素E、胡萝卜素、烟酸、钙、磷、铁等营养成分	顶花带刺、瓜形端正、个头较小的黄瓜味道较好。青色的黄瓜，手感硬的分量重，水分足，口感爽脆
青柠	性凉，味甘、酸，入肺、胃、肝经，有生津止渴、祛暑、美白的作用	被暑热烦渴、胃热呕吐、咳嗽痰多、消化不良、高血压等困扰的人士可适量食用青柠。青柠不宜与鲜奶同食，因鲜奶有丰富的蛋白质，青柠有丰富的果酸，二者同食，果酸会使蛋白质凝固变性	以色泽碧绿、表皮光滑似橘、凑近闻有浅淡香味的青柠为佳。国产青柠内里色如西柚，绿中带黄，口感酸味不重，回味略苦涩；进口小青柠则果肉碧绿，通透如玉，味道极酸又层次分明，回味悠长

番茄蜂蜜饮

● 养颜美容＋减脂塑身

【食材准备】番茄 200 克，丝瓜适量，圣女果适量，蜂蜜 30 毫升。

【料理方法】① 番茄洗净，去蒂后切成块。
② 丝瓜洗净，去皮，切块；圣女果洗净。
③ 将冰块、番茄及其他材料放入榨汁机高速搅拌 40 秒即可。

饮用功效

番茄富含维生素 C 和番茄红素，是美容瘦身的佳品。番茄还具有抗氧化功能，能防癌，且对缓解动脉硬化有很好的作用。

Tips：口干咽燥、食欲减退、烦热口渴、舌红少苔者，可取番茄 200 克洗净，沸水浇烫去皮，捣烂后加适量冰糖，置冰箱冷藏室内放凉备用，饭后可不拘时地频频食用。

食材名称	功效	补益建议	挑选窍门
丝瓜	性凉，味甘，入肺、肝、胃、大肠经。清热解毒，凉血通络，祛暑除烦	身热烦渴、长痘疮、咳嗽多痰、咽喉肿痛、乳汁不通者可适量食用丝瓜。另外，青光眼、月经不调、身体乏力者宜多食丝瓜。肠虚泄泻者则不宜多食丝瓜，阳痿者也不宜多食丝瓜	无论是挑选普通丝瓜还是有棱丝瓜，都应选择头尾粗细均匀的。挑选有棱丝瓜时，还要注意其皱褶间隔是否均匀，越均匀表示味道越好
圣女果	性微寒，味甘、酸。生津止渴，健胃消食，清热解毒，凉血平肝，补血养血，增进食欲	一般人群均可食用，婴幼儿、孕产妇、体弱之人以及高血压、心脏病、肝炎、眼底疾病等患者亦适合食用。经常发生牙龈出血或皮下出血的患者，吃圣女果有助于改善症状。急性肠炎、细菌性痢疾及消化性溃疡活动期患者不宜食用	红色圣女果味道酸甜可口，但不太脆。黄色圣女果甜味稍淡，但入口爽脆。圣女果果蒂处的叶子较嫩绿的，果实也较新鲜。同样大小的圣女果，越沉的越新鲜

枇杷菠萝蜜

● 美白润肤 + 整肠通便

【食材准备】香瓜 50 克，菠萝 100 克，枇杷 150 克，蜂蜜 10 毫升，冷开水 150 毫升。

【料理方法】① 香瓜洗净，去皮，去瓤，切块。
② 菠萝去皮，切成块；枇杷洗净，去皮，去核。
③ 将蜂蜜、水和准备好的材料放入榨汁机内榨成汁即可。

饮用功效

冷藏 10 分钟或加入冰块后饮用，效果会更佳。此款饮品可以美白、润肤、通便排毒，是纤体的上佳饮品之一。

Tips：此款饮品口味非常浓郁，但因菠萝、枇杷和香瓜的含糖量均不低，要适量饮用，不可贪多，取其通便排毒效果即可。

麦片木瓜奶昔

● 促进消化 + 抗衰养颜

【食材准备】木瓜 150 克，即食麦片 5 克，脱脂鲜奶 100 毫升。

【料理方法】① 木瓜洗净，去皮，去籽，把果肉切成小块。
② 麦片放入温开水中浸泡 15 分钟。
③ 将所有材料拌匀后倒入果汁机内，以慢速搅打 30 秒，倒出即可。

饮用功效

木瓜具有助消化、消暑解渴、润肺止咳的功效。经常食用，具有平肝和胃、舒筋活络、软化血管、抗菌消炎、抗衰养颜、防癌抗癌的效果。

Tips：冬天饮用此款饮品时，可将常温鲜奶换成温热的，能起到保护肠胃的作用。

草莓柳橙蜜

● 美白消脂＋润肤丰胸

【食材准备】草莓 60 克，柳橙 80 克，蜂蜜 30 毫升，鲜奶 90 毫升，碎冰块 60 克。

【料理方法】① 草莓洗净，去蒂，切成块。
② 柳橙洗净，对切压汁。
③ 将碎冰块以外的材料放入果汁机内，高速搅拌 30 秒。
④ 倒出果汁，加入碎冰块即可。

饮用功效

草莓有利尿消肿、改善便秘的作用；柳橙能降低胆固醇和血脂，改善皮肤干燥。故此款饮品可美白消脂，润肤丰胸，是纤体佳品之一。

Tips：此款饮品还可以将鲜奶和碎冰换成酸奶。换成酸奶后，此饮品别有一番风味。

柠檬苹果汁

● 消脂减肥＋生津止渴

【食材准备】苹果 100 克，柠檬 30 克，碎冰块 60 克，冷开水 60 毫升。

【料理方法】① 苹果去皮，去核，切成小块。
② 柠檬洗净压汁。
③ 将碎冰块以外的材料放入果汁机内拌匀。
④ 果汁倒入杯中，加入碎冰块即可。

饮用功效

苹果能降低血液胆固醇浓度，保持血糖稳定，增加饱腹感，有利于减肥。苹果汁能调节胃肠功能，预防蛀牙。柠檬具有生津止渴、祛暑、健胃等功效。

Tips：喜欢偏甜口味的人可以在饮品中加入适量蜂蜜或冰糖，会令饮品口感更好。

胡萝卜香瓜汁

● 清热解毒 + 生津止渴

【食材准备】胡萝卜 100 克，香瓜 80 克，小白菜 60 克，青柠适量，冰块适量。

【料理方法】① 胡萝卜洗净，切成小块；香瓜洗净，去皮，去瓤，切小块。

② 小白菜洗净，撕成小块；青柠洗净，切片。

③ 将所有材料一起放入榨汁机内榨成汁即可。

饮用功效

此款饮品风味别致，口感上佳，可清热解毒，生津止渴，适合夏日饮用。

Tips：香瓜果肉生食可润燥止渴，消除口臭等；香瓜籽入药可清热、解毒、利尿；香瓜蒂可作外用药。

苹果香芹梅汁

● 生津止渴 + 消脂减肥

【食材准备】苹果 150 克，青梅 20 克，香芹 100 克，柠檬 30 克，冷开水适量。

【料理方法】① 苹果洗净，去核，切块；青梅洗净，去核，对切；香芹洗净，切段；柠檬洗净，对切。

② 将所有材料放入榨汁机内榨成汁即可。

饮用功效

青梅能敛肺止咳，生津止渴。青梅中含有柠檬酸、琥珀酸等成分，能使胆囊收缩，促进胆汁分泌，有抗癌、抗菌、延缓衰老、减肥等功效。

Tips：此款蔬果汁除了能瘦身，还可预防肠胃疾病。

黄瓜柠檬汁

● 美容纤体 + 清热解暑

【食材准备】 黄瓜 200 克，柠檬 50 克，冷开水适量，冰糖 10 克。

【料理方法】 ① 黄瓜洗净，去蒂，用沸水烫后备用。

② 柠檬洗净，切片。

③ 将黄瓜切碎，与柠檬一起放入榨汁机内，加冷开水榨成汁。

④ 取汁，放入冰糖拌匀即可。

饮用功效

黄瓜具有清热、解暑、利尿的功效。此款蔬果汁还有美容纤体的作用。

Tips：此款饮品酸甜可口且热量很低，很适合有瘦身需求的人士饮用。

番茄蜂蜜汁

● 润肠通便 + 保护肝脏

【食材准备】 番茄 200 克，冰块适量，蜂蜜 30 毫升，冷开水 50 毫升。

【料理方法】 ① 番茄洗净，去蒂后切小块备用。

② 将冰块、番茄及其他原材料一起放入果汁机中，高速搅拌 40 秒即可。

饮用功效

蜂蜜润肠通便，改善血液循环，促进心脏和血管功能，保护肝脏，能促进肝细胞再生，对脂肪肝的形成也有一定的抑制作用。

Tips：因加入冰块，此款饮品非常冰爽可口，有一定的消暑作用，适合夏日饮用。

蛋黄李鲜奶

●排毒塑身＋利尿消肿

【食材准备】李子 80 克，蛋黄 15 克，圣女果 10 克，鲜奶 240 毫升，枸杞子适量。

【料理方法】① 李子洗净，去核，切大丁；圣女果洗净，切片备用；枸杞子洗净备用。

② 将所有材料放入果汁机内，搅拌 2 分钟即可。

饮用功效

李子含丰富的苹果酸、柠檬酸等，可生津止渴，利尿，消水肿。经常饮用此款蔬果汁有助于美容瘦身。

Tips：经常食用鲜李子，能使颜面光洁如玉，用李子做酒更有良好的养颜功效。取 15 个李子洗净，在顶部切“十”字，和 50 克冰糖一起加入 500 毫升白酒中，密封好后静置 1 个月，李子酒便做好了。每次饮用 30 毫升李子酒，有养颜之效。

食材名称	功效	补益建议	挑选窍门
蛋黄	增强免疫力，改善体质；抗疲劳，保护心肌；促进脂肪代谢，改善血液循环	蛋黄含有的大量卵磷脂、胆固醇、磷、铁等营养成分，对人体的神经系统及身体生长发育有很大好处。蛋黄也是极佳的防癌抗癌食物，癌症患者接受手术、放疗、化疗后身体较虚弱，可食用蛋黄来增强体力，补充营养	新鲜鸡蛋的蛋壳较毛糙，并附有一层霜状粉末。双手握蛋如筒形，对着光源透视，新鲜鸡蛋呈微红色、半透明状，蛋黄轮廓清晰
枸杞子	滋补肝肾，益精明目	枸杞子能保肝，抗疲劳，调理失眠。枸杞子配熟地黄或女贞子可滋补肝肾精血；配何首乌可益精补血，平补肝肾；配黄精可滋阴养血。脾虚泄泻者和感冒发热患者则不宜服用枸杞子	选购枸杞子要一看、二闻、三尝：一看色泽，要选略带紫色的；二闻气味，要没有异味或刺激味；三品尝，口感甜润无苦涩味的为优品

山药苹果酸奶

● 消脂丰胸 + 延缓衰老

【食材准备】鲜山药 200 克，苹果 100 克，核桃仁 20 克，酸奶 150 毫升，冰糖适量。

【料理方法】① 山药洗净，去皮，切成小块。
② 苹果洗净，去皮，去核，切成小块。
③ 将所有材料放入果汁机内搅打均匀即可。

饮用功效

此款饮品可以消脂减肥，抗衰老。因富含益生菌，还可以调节胃肠功能，减少便秘，有助毒素排出。

Tips：脾胃较弱、消化不良、胀气者应减量食用山药。山药有收涩的作用，故大便燥结者不宜食用。

食材名称	功效	补益建议	挑选窍门
山药	性平，味甘，归脾、肺、肾经。补脾养肺，固肾益精	用于脾虚所致的食少便溏、久泻不止，肺虚所致的咳喘气短，肾虚所致的腰膝酸软、遗精早泄、带下、尿频，气阴两虚所致的消渴等症。另外，湿盛中满或有实邪、积滞者禁服山药	大小相同的山药，较重的更好；同一品种的山药，须毛越多的越好。若山药的横切面肉质呈雪白色，说明山药是新鲜的；若呈黄色似铁锈，则不宜购买
核桃	补胃，润肺，补肾，纳气。对下焦虚寒、肾气虚弱、四肢无力、腰腿痛、筋骨痛等症均有一定食疗效果	核桃能滋养脑细胞，增强脑功能，降低患糖尿病、乳腺癌、抑郁症的风险。连续几个月吃核桃，可以起到乌发的作用。秋冬季是吃核桃的最佳时节。核桃不宜与酒同食，不能与野鸡肉、鸭肉同食。痰热喘咳、阴虚火旺、便溏腹泻者不宜食核桃	好的核桃外壳缝合线紧密；坏果和陈果闻起来有一股异味；空果没有重量，从高处掉落在地会发出破乒乓球的声音

柳橙猕猴桃汁

● 促进消化 + 缓解便秘

【食材准备】猕猴桃 150 克，柳橙 60 克，白洋葱 80 克，蜂蜜 15 毫升，碎冰块适量。

【料理方法】① 猕猴桃洗净，对切后挖出果肉备用。

② 柳橙洗净，对切，压汁；白洋葱洗净，切块。

③ 碎冰块、猕猴桃及其他材料放入果汁机内，高速搅打 30 秒即可。

饮用功效

此款饮品有解热、止渴、开胃的功效，能改善食欲不振、消化不良等症状，适量饮用还可以美白肌肤、缓解便秘。

Tips：消化不良者可取 500 克洋葱剖成 2~6 瓣，放入泡菜（酸菜）坛中，加清水淹浸 2~4 日（天热 1~2 日即可），待其味酸甜而略辛辣时即可取出食用。

食材名称	功效	补益建议	挑选窍门
猕猴桃	猕猴桃味甘、酸，性寒，归肾、胃、膀胱经，具有和胃消食、生津止渴、利尿通淋的作用	高血压患者取鲜猕猴桃适量，可洗净生吃，亦可榨汁饮服，常服对身体有益。慢性肠炎患者不宜食用，黄疸型肝炎属寒湿内盛者不宜食用。 猕猴桃也不宜与动物肝脏、黄瓜等食物一起食用	好的猕猴桃果形呈椭圆形，表面光滑无皱；果脐小而圆，且向内收缩；果皮颜色均匀，富有光泽；果毛细而不易脱落
洋葱	发散风寒，温中通阳。有杀虫除湿、温胃消食、降血压、降血脂之效	高血压、高脂血症、动脉硬化、糖尿病、急慢性肠炎或消化不良者宜食用。多食易引发眼病，导致视力模糊。患热病后不宜食用。洋葱有辛辣味，对眼睛有刺激作用，患眼疾或眼部充血时不宜切洋葱	如果能在透明的表皮中看见茶色的纹理，这样的洋葱宜选购。挑选洋葱时，表皮越干的越好，包卷越紧密的越好

葡萄菠萝南瓜汁

● 排出毒素 + 减脂瘦身

【食材准备】白葡萄 50 克，菠萝 150 克，南瓜 30 克，樱桃 20 克，碎冰块适量。

【料理方法】① 白葡萄洗净，去皮，去籽。

② 菠萝去皮，切块；樱桃洗净，去核。

③ 南瓜去皮，去瓤，切块，蒸熟。

④ 将所有材料放入果汁机，搅打后倒入杯中，再加碎冰块即可。

饮用功效

葡萄有软化血管、助消化、抗癌、防衰老、通利小便的作用；菠萝也可助消化、利尿。常饮此款饮品有助于身体排毒减脂，保持苗条身材。

Tips：脾气虚、胎动不安者，可取老南瓜 30 克，加水煎服，连服数日即有安胎之效。糖尿病患者可将南瓜干燥后制成粉剂，每次 50 克，每日 2 次，以开水调服，连服 2~3 个月，可以起到防治糖尿病的作用。

食材名称	功效	补益建议	挑选窍门
南瓜	补中益气，解毒驱虫。能提高身体的抵抗力，缓解眼睛疲劳，抗氧化	南瓜有促进胰岛素分泌的作用，糖尿病者宜适量食用。胃热患者要少食南瓜和南瓜子；痞闷胀满者不宜食南瓜，否则会导致胃满腹胀。多食南瓜则会引起湿热内蕴。南瓜肉厚色黄，不能生食	南瓜的盛产季节为初秋，体积同样大小的南瓜，质量更重的为好。如果要购买已剖开的南瓜，则要选择果肉深黄色、肉厚、切口新鲜水嫩不干燥的
樱桃	性温，味甘、微酸。健脾和胃，益气养血，养颜驻容，祛风除湿	脾胃虚弱、气血不足、头晕心悸、面色无华者宜食用。适量食用，能保持面部皮肤红润嫩白，有抗衰老的作用。常见的食用方式除了生食外，还可以煎汤或蜜渍。糖尿病患者忌多食樱桃	外观颜色深红色或偏暗红色的通常较甜；底部的果梗为绿色的较为新鲜，果梗发黑的不新鲜；最后看表皮有无褶皱，有褶皱的表明果实有脱水现象，可能已变质

葡萄香芹汁

● 消除疲劳 + 整肠通便

【食材准备】葡萄 80 克，香芹 60 克，酸奶 240 毫升。

【料理方法】① 葡萄洗净，去籽。

② 香芹择叶洗净，叶子撕成小块备用。

③ 将所有材料放入果汁机内搅打成汁即可。

饮用功效

此款蔬果汁含有丰富的膳食纤维，可以整肠通便，加上酸奶，其口感更清爽，是非常适合炎炎夏日的一款饮品。此外，常饮此款饮品，还有清除体内油脂、消除机体疲劳的效果。

Tips：很多人认为香芹的膳食纤维主要存在于茎干中，其实，香芹叶中也存在不少膳食纤维。因此，此款饮品保留了香芹叶。

香瓜柠檬苹果汁

● 排毒消脂 + 美容纤体

【食材准备】香瓜 80 克，苹果 100 克，柠檬 50 克，冰块适量。

【料理方法】① 香瓜去皮，去瓤，切成小块；柠檬洗净，对半切开。

② 苹果去皮，去核，切成块。

③ 将除柠檬和冰块外的所有材料倒入榨汁机内榨成汁。

④ 将柠檬挤出汁，加入榨好的果汁内，调入冰块即可。

饮用功效

此款饮品有美容纤体、排毒消脂的功效。

Tips：若将此款饮品中的冰块换成薄荷叶，同样能带来凉爽宜人的口感。

菠萝木瓜橙汁

● 清心润肺 + 帮助消化

【食材准备】 菠萝 50 克，木瓜 45 克，山竹 150 克，柳橙 80 克，金橘 30 克，碎冰块适量。

【料理方法】 ① 菠萝去皮，切块。

② 木瓜洗净，去皮，去籽后切块。

③ 山竹去皮，取果肉。

④ 柳橙、金橘洗净，柳橙对半切后压汁。

⑤ 将除碎冰块以外的材料放入果汁机，高速搅打 30 秒倒入杯中，最后加碎冰块即可。

饮用功效

此款饮品能清心润肺，帮助消化，防治胃病，而木瓜中独有的木瓜碱还有抗肿瘤的功效。

Tips：到了夏季，随着气温的升高，蚊子也逐渐多了起来，将柳橙皮晾干后包在新丝袜中放在墙角，其散发出来的气味既可以防蚊又可以清新空气。

食材名称	功效	补益建议	挑选窍门
山竹	清凉解热，润燥，美白，减脂瘦身	山竹含有丰富的蛋白质与脂类，对人体有很好的补益作用。营养不良、体质虚弱及久病之人，适量食用山竹能起到很好的保健作用。此外，山竹果肉还能缓解皮肤干燥，降燥火	果蒂绿色的山竹比较新鲜。鲜山竹外壳柔软，轻捏的时候会出现凹陷。双手挤压就能很轻松剥开的山竹口感更好
金橘	解郁醒脾，止呕，生津。能防治血管破裂，增强人体抵抗力	金橘含有丰富的维生素 C，其食疗功效多，食用禁忌少。但因其果肉酸，最好不要过量生食。寒冬时吃金橘，有防治感冒及其并发症的作用。胸闷郁结、食欲不振或伤食过饱、醉酒口渴之人宜食用。糖尿病患者忌多食金橘	好的金橘能透过皮闻见清香，用手轻捏表皮会冒少许油，表面颜色呈金黄色或橘色；光泽亮丽，颜色鲜艳。好的金橘底部有灰色的小圆圈，侧面有长柄的那端呈凹陷状

仙人掌葡芒汁

● 延缓衰老 + 消脂纤体

【食材准备】葡萄 120 克，仙人掌 50 克，芒果 80 克，山楂 30 克，冰块适量。

【料理方法】① 葡萄洗净，去籽；仙人掌洗净取肉；山楂去皮，去籽，切成小块；芒果挖出果肉。

② 将除冰块外的食材都放入榨汁机内。

③ 用榨汁机将葡萄、仙人掌、山楂和芒果压榨成汁。

④ 将压榨出的蔬果汁倒入容器，加入冰块，充分搅拌后即可。

饮用功效

仙人掌具有清热、解毒、消肿的食疗功效，与芒果、葡萄、山楂所榨成蔬果汁，纤体效果明显。

Tips：葡萄堪称“水果界的美容大王”，含有大量葡萄多酚，具有强效抗氧化功能，可延缓衰老。

食材名称	功效	补益建议	挑选窍门
仙人掌	清热解毒，行气活血。可用于治疗牙痛、咽痛、胸痛等症；可用于解酒，也可治疗神经衰弱及气喘	食用仙人掌有些苦味，加工前将皮和刺削去，并用淡盐水浸泡 15~20 分钟或用沸水焯过后，再用清水漂一下，就可以去掉苦味。仙人掌可清热解毒，多食易致腹泻，脾胃虚弱的人应少食。野生的和供观赏的仙人掌含有一定量的毒素和麻醉剂，会导致神经麻痹，不宜食用	食用仙人掌茎宽而肥，形状扁平，呈椭圆形，无刺或少刺，它们比观赏仙人掌的茎大很多。优质食用仙人掌肉质茎丰满，呈深绿色，表皮无其他色斑，无皱纹，弹性好
山楂	化瘀散结，消食健胃。能增加冠状动脉血流量，并能降血压，还有降血脂的作用	心脑血管疾病、癌症、肠炎及消化不良者宜适量食用。忌空腹食用山楂，胃酸过多者慎用。脾胃虚寒、胃中无积滞、消化性溃疡、龋齿或便秘等症者不宜食用山楂。孕妇慎食山楂	挑选山楂时，先看看果皮上有没有虫眼；再看颜色，亮红者为佳；此外，稍硬的山楂更新鲜

苹莓胡萝卜汁

● 消脂减肥 + 排出毒素

【食材准备】苹果 150 克，草莓 20 克，胡萝卜 50 克，红薯 90 克，碎冰块适量。

【料理方法】① 苹果洗净，去皮，去核，切块。
② 草莓洗净，去蒂，切块。
③ 胡萝卜洗净，切块；红薯洗净，去皮，切块。
④ 将除碎冰块以外的材料放入果汁机内搅打，之后倒入杯中，加碎冰块即可。

饮用功效

此款饮品营养丰富，热量低，其中丰富的膳食纤维有助于胃肠蠕动，避免脂肪在体内囤积，可促使毒素排出，是非常适合有瘦身需求人士的一款饮品。

Tips：草莓清洗是有一定窍门的，先用流动的自来水连续冲洗几分钟，再把草莓浸在淘米水或者淡盐水中 3 分钟，最后用清水冲洗一遍即可。

食材名称	功效	补益建议	挑选窍门
红薯	补脾益气，清肠通便	产后便秘者可取红薯 150 克、蜂蜜适量，将红薯去皮切小块，加适量水煮至熟烂，加蜂蜜调匀服用即可。胃酸过多者不宜多食，腹胀满者食后更堵塞不通。生了黑斑病的红薯有毒，不可食用	外表干净、光滑、坚硬的红薯为佳；表皮有小黑洞的红薯内部已经腐烂；表面有伤的红薯不易保存，易腐烂
胡萝卜	补肝明目，利膈宽肠，对肠胃不适、消化不良、皮肤粗糙、贫血、高血压等症都有一定的食疗效果	胡萝卜含有能降低血糖的成分，血糖低者不宜过多食用。胡萝卜宜和油脂类炒熟食用，但多吃有损肝脏且难消化。胡萝卜生食易伤胃，过量食用则会引起全身皮肤发黄	较重的胡萝卜水分多，更为新鲜，甜度也会更好。外形匀称、个头中等的较为成熟，太细的可能还没成熟。应选表皮完整无残，没有虫眼或破损的，这样的胡萝卜不仅好吃，还可以久放

香蕉苦瓜莲藕汁

● 预防感冒 + 纤体瘦身

【食材准备】 香蕉 100 克，生姜 50 克，苦瓜 100 克，莲藕汁 100 毫升。

【料理方法】 ① 香蕉去皮，切块；生姜洗净，去皮，切块。

② 苦瓜洗净，去籽，切块。

③ 将所有材料放入果汁机内搅打成汁即可。

饮用功效

此款饮品中含有的丰富的维生素 C，可预防感冒，其中大量的膳食纤维可促进脂肪和胆固醇的分解，达到纤体瘦身的效果。

Tips：咳嗽咯血者可取鲜藕 500 克，洗净捣烂取汁，调蜜服。胃阴不足（有烧灼感）者，可在藕孔中填入糯米，煨酥切片，拌白砂糖食。眼热赤痛者，取藕 1 根，孔中填入绿豆，水煮服。

食材名称	功效	补益建议	挑选窍门
生姜	温胃止呕，发汗解表。其中的姜辣素能刺激消化道黏膜，增进食欲，促进消化	伤风感冒、寒性痛经、晕车晕船者适宜食用生姜。痔疮患者不宜用，高血压患者勿多食。肺热燥咳、胃热呕吐、阴虚内热者忌食	选购生姜时，应挑选表皮看得清纹理、颜色淡黄的，而且肉质坚挺不酥软、姜芽鲜嫩的。同时还可以闻一下味道，如果有淡淡的硫黄味，说明姜被硫黄熏烤过，不宜购买
莲藕	清热生津，凉血止血。治肺热咳血、慢性胃炎、小儿脾虚、久咳不止等症	体弱多病、高血压、肝病、食欲不振、缺铁性贫血、营养不良患者均宜适量食用藕。莲藕生吃性寒，有清热润肺、凉血散瘀之效；熟食则能健脾开胃、止泻固精。脾胃虚寒、腹痛、腹泻者宜少食	藕节间距较长的成熟度较高，口感也好；带有湿泥土的较新鲜，也好保存；外形饱满，没有凹凸不平和明显伤口的较好；不能选颜色太白的莲藕，这样的莲藕可能是用化学药剂柠檬酸泡过的

番茄海带饮

● 通便降脂＋防癌抗癌

【食材准备】水发海带 50 克，番茄 200 克，柠檬 20 克，果糖 20 克。

【料理方法】① 海带洗净，切片，烫熟后备用；番茄洗净，去蒂，切块；柠檬洗净，切片。
② 将所有材料放入榨汁机中搅打 2 分钟，滤去果菜渣。
③ 将蔬果汁倒入杯中，加入果糖搅匀即可。

饮用功效

此款蔬果汁富含抗氧化效果很好的番茄，可以防癌抗癌。常吃海带，可促进头发生长，让头发更乌亮，还可以通便、降脂。

Tips：孕妇不宜饮用此款饮品，因海带咸寒软坚，孕妇食后易导致胎动不安，甚至流产。

哈密瓜柳橙汁

● 润肠解燥＋降低血脂

【食材准备】哈密瓜 40 克，柳橙 75 克，鲜奶 100 毫升，蜂蜜 8 毫升，碎冰块适量。

【料理方法】① 哈密瓜洗净，去皮，去籽，切小块。
② 柳橙洗净，对半切开后榨汁。
③ 除碎冰块以外的其他材料放入榨汁机内，高速搅打 30 秒，倒入杯中，加入碎冰块即可。

饮用功效

此款饮品中的哈密瓜可预防贫血和白内障，能利小便、止渴、润肠解燥，有助于缓解中暑、口鼻干等症状。柳橙有生津止渴、消食开胃、降胆固醇、降血脂、改善肤质等功效。

Tips：冬日饮用此款饮品，可不放冰块，将常温鲜奶换成温热的，口感也很好。

葡萄猕猴桃汁

● 调节肠胃 + 美容瘦身

【食材准备】葡萄 120 克，猕猴桃 50 克，菠萝 100 克，青椒 20 克。

【料理方法】① 葡萄洗净，去皮，去籽；猕猴桃去皮，切成小块；菠萝去皮，切成小块；青椒洗净，去蒂，去籽，切成小块。

② 将所有材料放入果汁机内搅打成汁即可。

饮用功效

猕猴桃含有丰富的碳水化合物、氨基酸、维生素 C，有预防癌症、调节胃肠功能、强化免疫系统、稳定情绪的功效。适量饮用此款饮品，有美容瘦身、抗衰老和软化血管的功效。

Tips：此款蔬果汁可以消除疲劳，同时含有丰富的维生素 C，具有亮白肌肤的功效。

葡萄萝梨汁

● 促进代谢 + 排毒养颜

【食材准备】葡萄 120 克，梨 150 克，白萝卜 100 克，碎冰块少许。

【料理方法】① 葡萄洗净，去皮，去籽；梨洗净，去核，切块；白萝卜洗净，切块。

② 将所有材料放入榨汁机内榨出汁即可。

饮用功效

葡萄含有丰富的矿物质，其中的褪黑素还可以帮助调节睡眠周期，并能辅助治疗失眠。葡萄中的大部分有益物质可以被人体直接吸收，对人体新陈代谢等一系列活动可起到良好的促进作用。

Tips：葡萄中含有丰富的维生素 C，可增强体力，还有助于促进血液循环、排毒养颜。

菠萝草莓橙汁

● 美白瘦身 + 消暑止渴

【食材准备】菠萝 100 克，草莓 50 克，柳橙 50 克，苏打水 20 毫升，薄荷叶适量。

【料理方法】① 菠萝去皮，切成小块；草莓洗净，去蒂；柳橙洗净，对半切后榨汁；薄荷叶洗净。

② 将除苏打水和薄荷叶外的材料倒入果汁机内，高速搅拌 30 秒。

③ 将果汁倒入杯中，加入苏打水、薄荷叶，拌匀即可。

饮用功效

用草莓、菠萝以及柳橙制成的果汁酸甜可口，尤其适合夏季饮用，既可解暑止渴，又可美白瘦身。

Tips：草莓鞣酸含量丰富，食用后可阻止人体对致癌化学物质的吸收，可防癌。

柳橙菠萝椰奶

● 清热润肠 + 减脂塑身

【食材准备】柳橙 80 克，柠檬 30 克，菠萝 60 克，椰奶 45 毫升，碎冰块适量。

【料理方法】① 柳橙、柠檬洗净，对半切后榨汁；菠萝去皮，切块。

② 将碎冰块以外的材料放入果汁机内，高速搅打 30 秒，再倒入杯中，加入碎冰块即可。

饮用功效

柳橙所含的丰富膳食纤维能帮助人体肠道蠕动，排出体内毒素；菠萝所含的菠萝朊酶可分解食物中的蛋白质，加上有清肺润肠作用的椰奶，此款饮品可清热润肠、减脂塑身。

Tips：切开的柠檬最好在 12 小时内食用完毕，以避免其营养成分流失。

玫瑰黄瓜饮

● 利尿消肿 + 促进代谢

【食材准备】西瓜 150 克，鲜玫瑰花 25 克，荸荠 30 克，黄瓜 100 克，冷开水适量。

【料理方法】① 西瓜去皮，去籽，切碎；玫瑰花洗净备用；荸荠和黄瓜去皮，切片榨汁。

② 将西瓜、玫瑰花捣碎，再加入冷开水，放入果汁机中搅打成汁，去渣取汁。

③ 加入榨好的荸荠黄瓜汁，搅拌均匀即可。

饮用功效

西瓜汁含钾丰富，且有利尿的作用，对水肿患者有益，可促进新陈代谢。

Tips：成熟的西瓜，它的皮一般比较光滑、有光泽；另外，西瓜成熟后，花纹一般能散开，如果还是紧密的，那就不宜选择。

食材名称	功效	补益建议	挑选窍门
玫瑰花	行气解郁，活血止痛。主治肝胃气痛、乳房胀痛、月经不调、赤白带下、跌打伤痛等	风行头痛者可取玫瑰花 6 克、蚕豆花 12 克，开水冲泡代茶饮；月经量过多者可取玫瑰花 9 克、鸡冠花 9 克，水煎后去渣取汁，用红糖调味后即可饮用；乳腺增生者可取玫瑰花 10 克、菊花 10 克、青皮 5 克，开水冲泡后代茶饮，服用不拘时。阴虚火旺者不宜长期、大量饮用，孕妇不宜大量饮用	好的玫瑰花颜色红艳均匀，过于艳丽或色泽不均的都有可能不新鲜或被硫黄熏过；好的玫瑰花有一定的花香，香气不显的可能是陈旧的，香气过浓甚至带有刺鼻味道的，则多半用化学物质处理过
荸荠	清热生津，润肺化痰，利尿降压，解渴，助消化，消食除胀	荸荠里含有大量的磷，能促进人体生长发育，尤其对儿童的牙齿、骨骼发育大有益处，因此，成长发育期的儿童很适合吃适量的荸荠。儿童最好吃煮熟的荸荠，避免生食。脾胃虚寒或血虚者慎服。虚劳咳嗽者或孕妇血虚时忌用	市面上出售的荸荠一般有削皮和没削皮的两种，未削皮的须观察外形是否完整、有无虫蛀；还可用手轻压，不软烂者为佳。已削好皮的荸荠，不要选表面有黏液、颜色发黄或发黑的

番茄蔬果汁

● 清理肠胃＋排出毒素

【食材准备】番茄150克，西芹150克，青椒10克，荔枝肉15克，冷开水150毫升，碎冰块适量。

【料理方法】① 番茄洗净，去蒂，切小块。
② 西芹洗净，青椒洗净，去蒂，去籽，二者共切粒。
③ 将番茄、西芹、青椒、荔枝肉、冷开水和碎冰块放入果汁机内，慢速搅打30秒。

饮用功效

番茄含有大量的有机酸，可净化血液及肠胃；西芹含有大量的膳食纤维，能够促进人体排出毒素。此款饮品能调节肠道，实现健康减肥。

Tips：儿童及中老年人在服用钙片前后2小时内应尽量避免食用菠菜、青椒、香菜等含草酸较多的食物。

食材名称	功效	补益建议	挑选窍门
青椒	温中散寒，开胃消食。对于寒滞腹痛、呕吐、泻痢、脾胃虚寒等症有较好的调理效果。能解热镇痛，促进消化，降脂减肥	青椒所含的辣椒素能有效刺激唾液和胃液分泌，可增进食欲，帮助消化，促进胃肠蠕动，防止便秘。消化性溃疡、食道炎、咳喘、咽喉肿痛或痔疮者忌食。阴虚火旺、高血压、肺结核病患者慎食	肉越厚的青椒口感越好，色泽鲜亮、个头饱满、分量沉、不软的是较为新鲜的青椒
荔枝	健脾益肝，生津，益血	胃寒腹痛者可取打碎的荔枝核30克、生姜2片、陈皮6克，加水煎2次，早晚各服1次。痰湿盛者慎用，多食易上火。吃荔枝切勿过量，以免引起一过性高血糖，导致头晕或昏迷	颜色为红绿相间的荔枝成熟度最好；外壳扎手，果肉紧实的口感较好；果蒂凹下去的果肉较甜，凸起来的甜度会差一些

香橙猕猴桃汁

● 调理肠胃 + 促进排毒

【食材准备】猕猴桃 100 克，柳橙 80 克，蜂蜜 15 毫升，碎冰块适量。

【料理方法】① 猕猴桃洗净，对半切开，挖出果肉。
② 柳橙洗净，对半切开后压汁。
③ 将除碎冰块以外的材料放入果汁机内高速搅打 30 秒。
④ 加入碎冰块即可。

饮用功效

此款饮品可改善消化不良、食欲不振等症状。猕猴桃营养丰富，可调理肠道，促进毒素排出。

Tips：一个猕猴桃几乎就可以提供身体一天所需的维生素 C。

橘香卷心菜汁

● 改善消化 + 美容养颜

【食材准备】卷心菜 200 克，橘子 100 克，柠檬 30 克，冰块适量。

【料理方法】① 卷心菜洗净，撕成小块。
② 橘子去皮，去掉内膜和籽。
③ 柠檬洗净，切片备用。
④ 将除冰块外的材料倒入榨汁机内榨成汁，加入冰块即可。

饮用功效

此款蔬果汁有改善消化不良、美容养颜之效。

Tips：卷心菜含有丰富的维生素 U，对人体溃疡面有很好的修复作用，能加速创面愈合，因此，卷心菜也是适宜胃溃疡患者食用的食材。

柳橙果菜汁

● 消食开胃 + 健肠瘦身

【食材准备】柳橙 100 克，柠檬 50 克，紫甘蓝 100 克，芹菜 50 克，蜂蜜 10 毫升，冷开水适量。

【料理方法】① 柳橙洗净榨成汁，柠檬去皮榨成汁。

② 紫甘蓝洗净，切小块；芹菜洗净，切段后与紫甘蓝一起放入果汁机中搅打成汁。

③ 加入冷开水、柳橙汁、柠檬汁和蜂蜜调匀即可。

饮用功效

柳橙可疏肝理气，消食开胃，而紫甘蓝可改善内热引起的不适。将柳橙与紫甘蓝一起榨汁饮用，更加有利于肠道蠕动，健康瘦身。

Tips：紫甘蓝可以帮助抑制血糖上升，对预防糖尿病很有帮助。

土豆莲藕汁

● 护肤养颜 + 改善便秘

【食材准备】土豆 80 克，莲藕 150 克，碎冰块少许，蜂蜜 20 毫升。

【料理方法】① 土豆及莲藕洗净，均去皮煮熟，待凉后切小块。

② 将所有材料放入果汁机中，高速搅打 40 秒即可饮用。

饮用功效

莲藕含铁量较高，适合缺铁性贫血患者食用。此款饮品含糖量不算高，且含有丰富的维生素 C 和植物纤维，对肤质差和便秘具有调理作用。

Tips：发芽、皮呈绿色、腐烂的土豆不能食用，以免中毒。

甜椒蔬果饮

● 促进消化 + 利尿消肿

【食材准备】苹果150克，菠萝50克，甜椒20克，西芹100克，空心菜60克，冷开水适量。

【料理方法】① 苹果洗净，去皮，去核后切块；菠萝去皮，切块备用。

② 将甜椒、西芹和空心菜洗净，切段备用。

③ 将所有材料及冷开水一起放入榨汁机内榨成汁即可。

饮用功效

此款饮品具有护肤、防癌、抗老、利尿消肿、助消化、预防感冒的功效。

Tips：肺热咯血、鼻出血或尿血者，可将空心菜连根和白萝卜一同捣烂，绞汁1杯，以蜂蜜调服。

食材名称	功效	补益建议	挑选窍门
甜椒	防癌抗癌，预防便秘，延缓老化，预防感冒，减肥瘦身	甜椒含有的B族维生素可以消除疲劳、增强免疫力，是女性坐月子时的优质食材。经常食用对人体有一定的抗衰老效果，能抑制黑色素的形成、美容养颜。甜椒生吃比熟食更好，炒制时不宜时间太久，否则营养易流失	挑选甜椒时要注意其颜色是否鲜艳、自然；大小均匀、果皮坚实、肉厚质细、脆嫩新鲜、不裂口、无虫咬、无斑点、不软、不烂的甜椒比较好
空心菜	清热凉血，利尿除湿，止血，疏肝解毒	空心菜除了通便，还有排毒的作用，常食能提高机体免疫力。服用降血糖药者慎食，因空心菜可能会使血糖降低过快。肾气不固者最好少食或不食空心菜。空心菜荤素俱佳，宜旺火快炒，避免营养流失	整株完整、无须根、无黄叶或破损的空心菜为佳，叶子越绿的越新鲜，且叶子以宽大的为好，梗细小的更嫩一些

芒果冰糖饮

● 助益消化 + 润肠通便

【食材准备】 芒果 150 克，阳桃 120 克，冷开水 100 毫升，冰糖适量，水发银耳适量。

【料理方法】 ① 芒果去皮，去核后备用；阳桃洗净后削掉硬边，切块备用。

② 将芒果肉、阳桃和水发银耳放入果汁机中搅匀。

③ 加入冰糖和冷开水后一起搅拌均匀即可。

饮用功效

用芒果榨汁饮用可生津止渴，还能改善胃热烦渴等症。芒果对促进肠道蠕动、增强肠胃功能、帮助消化有一定的作用。银耳有很好的通便效果。

Tips: 芒果洗净不去皮，以核为中心左右切两刀，分成三份；然后用刀尖在两边肉最多的部位切划纵线，再切划横线；切完用手在底部中间向上顶一下，就可以看见漂亮的、开花的芒果果肉了。

食材名称	功效	补益建议	挑选窍门
阳桃	清热生津，降糖降脂，利尿通淋	鲜果生食或绞汁饮用均可，但阳桃性寒凉，易损脾胃，故脾胃虚寒或肾病等患者宜少吃或不吃。阳桃含钾量高，肾衰竭者吃后会不断打嗝。高尿酸血症、痛风患者忌食阳桃	要选体形饱满、无疤痕的；用手触摸检查是否硬软一致，局部或整体较软的不要购买；同等体积的，越沉汁越多，味道也就越好
银耳	润肺，益胃生津，滋补强壮，润燥，通便	银耳所含的胶原蛋白可以锁住肌肤水分，增强皮肤弹性，有美白皮肤、淡化色斑的功效。经常熬夜的人士也宜适量食用银耳。银耳不适合单独食用，痰湿者不宜服，大便泄泻、风寒咳嗽者忌用	以颜色黄白、新鲜有光泽、瓣大、有韧性，胀性好、无斑点杂色、无碎渣的银耳为佳

草莓柠檬梨汁

● 美容瘦身 + 和胃消食

【食材准备】草莓 20 克，梨 150 克，柠檬 30 克，碎冰块适量。

【料理方法】① 草莓洗净，去蒂；梨去皮，去核，切块；柠檬洗净，切片。

② 将草莓和梨倒入榨汁机内榨成汁。

③ 加入碎冰块和柠檬片，搅拌均匀即可。

饮用功效

此款果汁有美容瘦身的功效，还可以改善胃肠疾病，促进消化吸收。

Tips：咳嗽、咽喉痒痛、慢性支气管炎、肺结核、高血压、肝炎及醉酒者都非常适合吃梨。除了榨汁之外，用隔水炖的方式吃梨，更适合寒冷的冬天。

绿茶酸奶

● 纤体美容 + 预防肥胖

【食材准备】苹果 150 克，绿茶粉 5 克，酸奶 200 毫升。

【料理方法】① 苹果洗净，去皮，去核，切成小块，放入果汁机内搅打成汁。

② 放入绿茶粉、酸奶搅拌均匀即可。

饮用功效

绿茶含有茶多酚，可改善血液循环，预防肥胖、中风和心脏病。餐后饮用绿茶，可软化血管。绿茶粉可消食、解腻、减肥，有利于纤体美容、预防肥胖。

Tips：绿茶本身带有一丝涩味，如果想让此款饮品的口感更好，可以加入适量冰糖粉。

冬瓜苹果蜜

● 清热解暑＋消肿减肥

【食材准备】冬瓜150克，苹果80克，柠檬30克，冷开水240毫升，冰糖少许。

【料理方法】① 冬瓜去皮，去籽，切块；苹果洗净，去核，切块；柠檬洗净，切片。
② 将所有材料放入榨汁机内，搅打2分钟即可。

饮用功效

此款饮品能促进人体新陈代谢、消脂减肥，适合想要瘦身纤体的人士饮用。

Tips：冬瓜具有良好的清热解暑、利尿的功效。冬瓜中含钠量较低，是慢性肾炎水肿、营养不良性水肿、孕妇水肿的消肿佳品。冬瓜还具有抗衰老的作用，久食可令皮肤洁白如玉，润泽光滑，并可保持健美形体。

小黄瓜蜂蜜饮

● 嫩白肌肤＋瘦身抗老

【食材准备】小黄瓜150克，木瓜200克，蜂蜜适量，冷开水适量。

【料理方法】① 小黄瓜、木瓜洗净，分别去皮，去瓤，切片。
② 将木瓜放入锅中，加适量冷开水，以小火煲熟后捞出，沥干备用。
③ 把小黄瓜与煲熟的木瓜一同放入榨汁机中榨汁，加入蜂蜜调味即可。

饮用功效

小黄瓜具有利尿消肿的作用。蜂蜜是皮肤的抗衰剂，可增加表皮细胞的活性，使皮肤保持红润、白嫩，延缓皮肤衰老。

Tips：木瓜味甘，有助消化、舒筋、润肺、和胃、消暑、解渴之效。

小黄瓜苹果汁

● 清理肠道 + 缓解水肿

【食材准备】小黄瓜 200 克，苹果 80 克，茭白汁 20 毫升，冷开水 240 毫升。

【料理方法】① 小黄瓜洗净，切成块。

② 苹果洗净，去皮，去核，切成块。

③ 将所有材料放入果汁机内，搅打 2 分钟即可。

饮用功效

此款饮品具有利尿的作用，可以清理肠道，有效预防水肿。

Tips：苹果富含锌。锌是人体中多种重要的酶的组成成分，是促进生长发育的重要元素，尤其是构成与记忆力息息相关的核酸及蛋白质不可缺少的元素。常吃苹果可以增强记忆力，还有健脑益智的功效。

苹果酸奶

● 降压消肿 + 美白肌肤

【食材准备】苹果 150 克，冷开水 80 毫升，原味酸奶 75 毫升，蜂蜜 30 毫升，碎冰块 100 克。

【料理方法】① 苹果洗净，去皮，去核，切成小块备用。

② 将除碎冰块外的所有材料放入果汁机内高速搅打 30 秒，加入碎冰块即可。

饮用功效

此款酸奶有助于降低血压和利水消肿，并有很好的美白功效。

Tips：研究发现，未成熟的青苹果中所含有的多酚类物质远远高于成熟苹果。这种神奇的“苹果酚”能有效抗氧化，保持食物新鲜，消除鱼腥、口臭等异味，还能预防蛀牙，抑制黑色素的产生。

牛蒡活力饮

● 清热解毒＋利水消肿

【食材准备】芹菜 80 克，牛蒡 100 克，蜂蜜 15 毫升，冷开水 200 毫升。

【料理方法】① 芹菜洗净，切段；牛蒡洗净，去皮，切块。

② 将芹菜、牛蒡与冷开水一起榨成汁，再加入蜂蜜即可。

饮用功效

牛蒡营养丰富，是蔬菜中的珍品，其根、茎、果实均可入药，有清热解毒、降低胆固醇、增强人体免疫力的功效，还能预防糖尿病、便秘和高血压。牛蒡种子主治外感咳嗽、咽喉肿痛等症。

Tips：芹菜中的粗纤维，对因便秘引起的肥胖有很好的食疗功效。

蔬菜精力汁

● 分解脂肪＋利尿降压

【食材准备】芦笋 80 克，香菜 10 克，洋葱 15 克，红糖 15 克，冷开水 350 毫升。

【料理方法】① 芦笋切丁，放入沸水中煮熟，捞起，沥干；香菜洗净，切段；洋葱洗净，切小丁。

② 将芦笋、香菜、洋葱和红糖倒入果汁机内，加入冷开水，搅打成汁即可。

饮用功效

此款饮品可以提高肾脏细胞的活性，其中的钾与皂角苷有利尿的作用，适用于体重超标的高血压患者。芦笋粉末通常被作为利尿剂或药茶服用，也是分解脂肪的理想食品。

Tips：芦笋含丰富的膳食纤维，食之可通便。

香芹芦笋苹果汁

● 利水消肿 + 排出毒素

【食材准备】苹果100克，香芹50克，瓠瓜20克，苦瓜100克，芦笋50克。

【料理方法】① 苹果去皮，去核，切块。
② 香芹洗净，切段；瓠瓜、苦瓜和芦笋洗净处理后切块，瓠瓜、芦笋焯熟后备用。
③ 将所有材料放入榨汁机榨成汁即可。

饮用功效

经常食用芦笋，对心血管疾病、肾炎、胆结石、肝功能障碍和肥胖均有疗效。此款饮品结合了多种蔬果的优点，能够有效排出体内毒素，达到健康减肥的目的。

Tips：《诗经 · 国风》中已有对瓠瓜的记载，瓠瓜有甜苦之分，甜者嫩时可作蔬菜食用，苦者有毒，多作药用。

食材名称	功效	补益建议	挑选窍门
芦笋	清热生津，利水通淋。能抗癌，提高免疫力，降血脂，抗衰老	芦笋中含有的丰富的叶酸有助于胎儿大脑的发育，还可有效预防中老年人冠状动脉硬化及其他心脑血管疾病的发生。芦笋中的叶酸容易被破坏，若用来补充叶酸应避免高温烹煮。用油炒或油拌芦笋可以更好地吸收其中的维生素C。芦笋不宜生吃	以形状正直、笋尖花苞紧密、没有外伤及腐臭味的为佳。表皮鲜亮，不萎缩，用手折之，很容易被折断的为好
瓠瓜	清热润肺，利水通淋，止渴，解毒	一般人群均可食用瓠瓜。肺热咳嗽者可取瓠瓜400克，洗净、削皮、切块后煎汤服用，一日2~3次。阳热亢盛偏胜者，少用瓠瓜的皮、藤和种子。脾胃虚寒者不可多食瓠瓜，否则易导致腹泻	首先看皮色，皮色浓绿的瓠瓜味道较浓，品质较好，皮色浅绿的味道则淡一些，品质稍差；其次看形状，应该选择上下匀称、绒毛完整、圆润光滑的；最后用手触摸，手感柔软、有弹性的较好

番茄酸奶

● 纤体美容 + 促进代谢

【食材准备】番茄 100 克，红枣 3 颗，鲜莲子适量，酸奶 300 毫升。

【料理方法】① 番茄洗净，去蒂，切成小块；红枣洗净，去核；莲子洗净备用。

② 将所有材料一起放入果汁机内，搅拌均匀即可。

饮用功效

番茄可生津止渴，健胃消食，与酸奶一起制成果汁，能帮助肠胃蠕动，促进体内脂肪代谢，对美容、纤体都有很好的效果。常吃番茄可使皮肤细滑白皙，但胃溃疡及其他胃肠病患者应少吃，以免加重病症。

Tips：酸奶加热到约 40℃时，其营养成分能得到很好地发挥，尤其在冬季，最好将酸奶加热后饮用。

食材名称	功效	补益建议	挑选窍门
红枣	补脾益气，养血安神，护肤美容	贫血者可取红枣 12 克、桂圆肉 6 克、红糖 24 克，加适量水煎制，饮汤食红枣及桂圆肉，一日 1 次，可长期服用。痰热咳嗽者忌食，饮食积滞者慎用。空腹不宜多食枣，且多食枣易伤牙	好的红枣皮色紫红，颗粒大而均匀，果形短壮圆整，肉质厚而细实。枣蒂端有孔或粘有咖色、深褐色粉末的，说明已被虫蛀
莲子	养心安神，益肾固精	莲子中的钾元素能有效维持心脏功能，促进身体新陈代谢，降低中风危险，还能帮助扩张外周血管，有降血压的作用。大便燥结者慎食莲子。腹胀者不宜食用莲子。脾胃虚寒或腹痛泻者少食	看上去非常白净的莲子可能是漂白过的，天然莲子的颜色应略带黄色；漂白过的莲子味道刺鼻，天然莲子有清香味。干燥度高的莲子抓起来会有清脆的响声，更易于存放

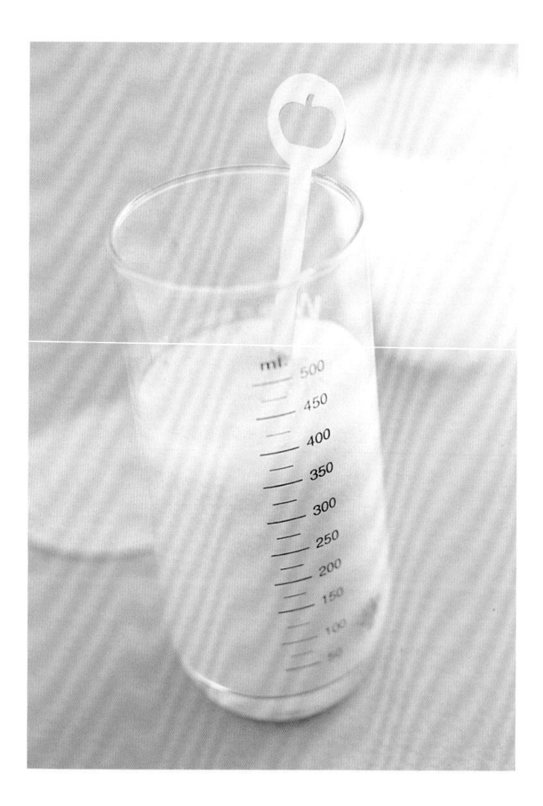

姜香冬瓜蜜

● 通利小便 + 消除水肿

【食材准备】 冬瓜 100 克，冷开水 300 毫升，生姜片 50 克，蜂蜜 10 毫升。

【料理方法】 ① 冬瓜洗净，去皮，去瓤，切块。

② 将冬瓜放入果汁机内，加冷开水、生姜片搅打成汁。

③ 加入蜂蜜搅拌均匀即可。

饮用功效

此款饮品具有利尿消肿的功效，常饮可使人保持年轻的体态。

Tips：天气严寒之时，可将此款饮品中的冷开水换成热水，制作步骤相同，待水温适宜时调入蜂蜜即可。做成热饮，更有暖胃驱寒的效果。

菠萝苹果汁

● 降低血压 + 防止水肿

【食材准备】 菠萝 120 克，苹果 80 克，冷开水适量。

【料理方法】 ① 菠萝去皮，切成小块，用磨泥机磨成泥状。

② 苹果洗净，去皮，去核，磨成泥状。

③ 将菠萝泥、苹果泥过滤，去渣取汁后加入冷开水混合均匀即可。

饮用功效

此款饮品具有降低胆固醇、降血压、利尿、防止水肿的功效。

Tips：此款饮品除了能降血压，还能通便瘦身，如在饮用前调入蜂蜜，更添润泽肌肤之效。

香菇葡萄蜜

● 利尿消肿＋预防癌症

【食材准备】干香菇 10 克，葡萄 120 克，蜂蜜 10 毫升。

【料理方法】① 干香菇洗净，用温水泡软备用。
② 葡萄洗净，与香菇一同放入果汁机中搅打成汁，倒入杯中。
③ 调入蜂蜜拌匀即可。

饮用功效

此款饮品有助于利尿、消除水肿。香菇中含有的香菇多糖还有防癌抗癌的功效。

Tips：此款饮品用的食材是生香菇，需要在清洁时格外注意。如肠胃不好的人士，可将香菇焯熟后再行制作。

西瓜香蕉蜜

● 利尿排水＋润肠通便

【食材准备】西瓜 80 克，菠萝 60 克，苹果 30 克，香蕉 50 克，蜂蜜 30 毫升，碎冰块 60 克。

【料理方法】① 菠萝去皮，切块；西瓜、柠檬、苹果洗净，去皮，去籽（核），切成小块备用。
② 香蕉去皮，切成小块。
③ 将所有材料放入果汁机，高速搅打 30 秒即可。

饮用功效

西瓜含有大量水分，又含有磷酸、苹果酸、维生素与多种矿物质。此款饮品由几种水果混合，具有强效的利尿作用，还有一定的通便效果。

Tips：因西瓜和菠萝糖分均较高，香蕉热量也不低，有瘦身计划的人士需要适量饮用。

杏香菠萝椰奶

● 排毒降脂 + 改善体质

【食材准备】菠萝 100 克，杏 80 克，柠檬 20 克，椰奶 100 毫升，蛋黄 1 个，薄荷叶适量。

【料理方法】① 菠萝去皮，切块，压成汁。

② 柠檬洗净，压汁；杏去皮，去核。

③ 将菠萝汁、柠檬汁及除薄荷叶外的材料一同倒入搅拌杯中，盖紧盖子摇动 10~20 下后，再倒入杯中，以洗净的薄荷叶装饰即可。

饮用功效

柠檬有清热、解毒、消炎的作用，可用于缓解咽喉肿痛等症。此款饮品能够消除体内毒素，改善体质。

Tips：胃内积食、消化不良者可取 250 克新鲜菠萝果肉食用，每日 2 次；高血压眩晕者可取 250 克菠萝果肉切成片后与 60 克鸡肉共炒，加胡椒粉、盐调味后食用。

食材名称	功效	补益建议	挑选窍门
椰子	清热消渴，利尿消肿	口干、中暑者可取椰子 1 个，取汁喝，早晚各 1 次；便秘者可取椰子 1 个，早晚吃椰肉半个或 1 个。但过量食用椰子肉会引起腹闷。心脏病、血管硬化患者或胃肠功能不佳者不宜多饮椰汁。疥疮或喘咳者忌食椰肉	摇晃椰子，水声清脆则表明椰子汁多，适合饮汁；喜欢吃椰子肉的则应选手感较重、摇起来声音较沉闷的椰子，口感会更好一些
杏	润肺定喘，解毒明目	慢性气管炎、咳嗽、肺癌、鼻咽癌、乳腺癌患者及化疗者均适合吃杏。杏鲜品不宜多食，以免伤脾胃并损齿。食杏后不宜喝浓茶。阴虚咳嗽或便溏者忌食杏仁。产妇、幼儿以及糖尿病患者，不宜吃杏或杏制品	个大、色泽漂亮的杏，一般味甜汁多，纤维少，核也小。一般果皮颜色为黄中泛红的杏口感较好

哈密木瓜鲜奶

● 促进排便 + 利尿消肿

【食材准备】木瓜 150 克，哈密瓜 40 克，碎冰块 60 克，鲜奶 100 毫升，薄荷叶适量。

【料理方法】① 木瓜、哈密瓜洗净，去皮，去籽，切成小块。
② 将除薄荷叶外的所有材料放入果汁机内高速搅打 30 秒，以洗净的薄荷叶装饰即可。

饮用功效

木瓜可改善便秘和肠胃不适等症状，哈密瓜含铁量高，还有利尿功效。常饮此款饮品能消除水肿，且对造血功能还有显著的促进作用。

Tips：中暑烦渴者可取哈密瓜切块，生吃或捣汁饮服均可；便秘者取 250 克哈密瓜，加蜂蜜少许，一次吃完，每日 2 次。

卷心菜火龙果汁

● 健胃整肠 + 预防便秘

【食材准备】火龙果 120 克，卷心菜 100 克，冰糖适量，冷开水适量。

【料理方法】① 火龙果洗净，去皮，切块。
② 卷心菜洗净，撕成小片。
③ 将火龙果和卷心菜放入榨汁机中，加入冷开水、冰糖榨成汁即可。

饮用功效

此款蔬果汁能健胃整肠、养颜美容，还可预防便秘。

Tips：火龙果是一种美容、保健佳品，且有较高的药用价值。火龙果对咳嗽、气喘有很好的疗效，还可预防便秘及抗氧化，对重金属中毒也具有一定的解毒功效。

番茄芹柠汁

● 防癌抗癌＋开胃消食

【食材准备】番茄150克，西芹60克，柠檬30克，冷开水240毫升，冰糖少许。

【料理方法】① 番茄洗净，去蒂，切块。
② 西芹洗净，切成小段；柠檬洗净，切片。
③ 将所有材料放入果汁机内搅打2分钟即可。

饮用功效

此款饮品具有防癌抗癌的作用，有清热、开胃消食、生津、利尿等功效。

Tips：**番茄所含的番茄红素具有抑制脂质过氧化的作用，能防止自由基对人体的破坏，还能抑制视网膜黄斑变性，保护视力。因此，此饮品很适合办公室一族饮用。**

菠萝香芹汁

● 利尿排毒＋调节肠胃

【食材准备】菠萝150克，柠檬20克，香芹100克，冰块70克，冷开水60毫升，蜂蜜15毫升。

【料理方法】① 菠萝去皮，切块；柠檬洗净，对切后压汁。
② 香芹去叶，洗净，切小段。
③ 将所有材料放入果汁机内，高速搅打40秒即可。

饮用功效

此款饮品有通便、利尿的作用，对排出体内毒素有相当好的促进作用。

Tips：**菠萝果肉甜中带酸，吃起来爽口多汁，有浓烈的芳香气味，可以增进食欲，消除疲劳。菠萝尤其适合长期食用肉类及油腻食物的人群食用。**

第三章

补体：保健强身蔬果汁

减肥会让你虚弱疲倦，食欲不佳，甚至贫血感冒吗？活力十足的蔬果汁让你元气满满，不仅变瘦了，而且瘦得活力四射。要想瘦得健康美丽，保健养身蔬果汁是你的最佳伙伴。希望延缓衰老、预防癌症吗？防癌抗老蔬果汁让你青春常驻，容颜靓丽。

胡萝卜桑葚苹果汁

● 增强体力 + 改善视力

【食材准备】苹果 150 克，李子适量，柠檬 30 克，桑葚 30 克，胡萝卜 80 克，蜂蜜 10 毫升。

【料理方法】① 苹果和李子分别去皮，去核，切成小块；柠檬洗净后切块。

② 胡萝卜洗净，去皮，切块；桑葚清洗干净，沥干水备用。

③ 将除蜂蜜以外的材料放入果汁机内搅打成汁，最后加蜂蜜拌匀即可。

饮用功效

苹果和胡萝卜都富含维生素 A、柠檬酸、苹果酸，可以改善视力，增强抵抗力。此款饮品非常适合经常使用电子产品的人士饮用。

卷心菜豆浆汁

● 改善体质 + 防癌抗癌

【食材准备】卷心菜 2 片，豆浆 200 毫升。

【料理方法】① 卷心菜叶洗净，切成碎片。

② 将切好的卷心菜和豆浆一起放入榨汁机榨汁即可。

饮用功效

此款饮品能够增强抵抗力，利于防癌抗癌。

Tips：卷心菜含有丰富的维生素、胡萝卜素，具有抗衰老、抗氧化的功效；能够提高人体免疫力，预防季节性感冒。卷心菜也可以先用热水焯一下再打汁。需要特别注意的是，此款饮品不宜空腹饮用。

番茄胡萝卜汁

● 缓解过敏＋美白肌肤

【食材准备】番茄 80 克，山竹 50 克，胡萝卜 80 克，蜂蜜 10 毫升。

【料理方法】① 番茄洗净，去蒂，切成小块备用。
② 山竹取果肉备用。
③ 胡萝卜洗净，去皮，切成段。
④ 将准备好的番茄、胡萝卜和山竹放入果汁机内搅打成汁，再加入蜂蜜拌匀即可。

饮用功效

此款饮品富含维生素 A、维生素 C，可以改善过敏体质，美白肌肤，缓解疲劳。

Tips：夏日饮用时，可在此款饮品中加入冰块，能够获得更加清爽的口感。

香蕉木瓜酸奶汁

● 改善肤色＋调节肠道

【食材准备】香蕉 1 根，木瓜 1 个，酸奶 200 毫升。

【料理方法】① 香蕉去皮并剥掉果肉上的果络，切块。
② 木瓜洗净，去皮，去籽，切块。
③ 将所有材料一起放入榨汁机榨汁即可。

饮用功效

此款饮品能够美容亮肤，促进肠道蠕动，调节肠道功能。

Tips：木瓜含有大量的胡萝卜素、维生素 C 及膳食纤维等，是润肤、美颜、通便佳品，搭配益生菌丰富的酸奶，可以增强肠道功能，非常适合便秘人士。

哈密瓜芒果鲜奶

● 改善视力 + 减肥瘦身

【食材准备】芒果 100 克，哈密瓜 85 克，鲜奶 200 毫升。

【料理方法】① 芒果去掉外皮，果肉切块备用。

② 哈密瓜去皮，去籽，切碎备用。

③ 将所有材料一同放入果汁机内搅打成汁即可。

饮用功效

此款饮品富含维生素 A，可以舒缓眼部疲劳、改善视力，还有一定的减肥功效。

Tips：此款饮品冬夏皆宜。冬日可将鲜奶加热，做成一杯热饮，有补充体力的功效。

西蓝花橘子汁

● 防癌抗癌 + 消脂减肥

【食材准备】西蓝花 2 朵，橘子 1 个，冷开水 200 毫升。

【料理方法】① 西蓝花洗净，在沸水中焯一下，切块。

② 橘子去皮，剥成瓣状。

③ 将所有材料一起放入榨汁机榨汁即可。

饮用功效

此款饮品有利于消减腹部脂肪和防癌抗癌。

Tips：西蓝花营养丰富，防癌抗癌效果很好；橘子富含维生素 C 和柠檬酸，前者具有美容作用，后者则具有消除疲劳的作用。橘子内侧的橘络富含膳食纤维，能通便，降低胆固醇。

草莓葡萄汁

● 增强体力＋促进代谢

【食材准备】草莓 120 克，葡萄 40 克，酸奶 200 毫升，蜂蜜 10 毫升。

【料理方法】① 草莓去蒂洗净，切块备用。
② 葡萄洗净，备用。
③ 将所有材料放入果汁机内搅打成汁即可。

饮用功效

草莓、葡萄含丰富的维生素 C，葡萄的皮与籽更具有清除自由基的功效。经常饮用此款饮品，可以增强体力，促进新陈代谢，消除疲劳。

Tips：此款饮品寒凉天气亦可饮用，可将酸奶换为热奶，待温度适宜时再加入蜂蜜，有润泽肌肤、快速补充能量的功效。

红葡萄汁

● 改善贫血＋增强体质

【食材准备】红葡萄 1 串，冷开水 100 毫升。

【料理方法】① 红葡萄洗净。
② 将红葡萄和冷开水一同放入榨汁机榨汁即可。

饮用功效

此款饮品制作简单，成品晶莹剔透，非常具有观赏性，且功效卓越，能显著预防和改善贫血症状，适用于贫血和体质虚弱者。

Tips：葡萄中的糖主要是葡萄糖，很容易被人体吸收，因此葡萄常作为低血糖人士的便捷营养补充剂。不同品种、不同产地的葡萄含糖量不同。

胡萝卜橘香奶昔

● 补充营养＋养肝明目

【食材准备】胡萝卜 100 克，橘子 80 克，柠檬 30 克，冰糖 15 克，鲜奶 250 毫升。

【料理方法】① 胡萝卜洗净，去皮，切成小块。
② 橘子去皮，切成小块。
③ 柠檬洗净，切成小片。
④ 将所有材料倒入果汁机内搅打 2 分钟即可。

饮用功效

胡萝卜含有丰富的活力元素“维生素 A”，有养肝明目的作用；鲜奶有安神作用。冬季可将此款饮品中的鲜奶加热，如在睡前饮用，能起到改善睡眠的作用。

芒果橘子奶

● 缓解疲劳＋开胃消食

【食材准备】芒果 150 克，橘子 100 克，鲜奶 250 毫升。

【料理方法】① 芒果洗净，取果肉，切成块备用。
② 橘子去皮，去籽。
③ 将所有材料倒入果汁机内搅打 2 分钟即可。

饮用功效

芒果中维生素 A 的含量和橘子中维生素 C 的含量在水果中都名列前茅，经常饮用此款饮品，有开胃消食、消除疲劳的效用。

Tips：这是一款很适合办公族的饮品。适量食用芒果能够益胃、解渴、利尿，还有助于消除因久坐导致的腿部水肿。

橘子酸奶

● 增强体质 + 防癌抗癌

【食材准备】橘子 180 克，酸奶 250 毫升，冰糖 15 克。

【料理方法】① 橘子去皮，去籽，备用。
② 将橘子放入榨汁机内榨出汁。
③ 加入酸奶和冰糖搅拌均匀即可。

饮用功效

此款饮品具有润肤美白、润肠通便的作用，经常饮用可以补充人体所需营养，强健体魄，增强人体对疾病的抵抗力。另外，此款饮品还具有调节肠道功能的功效。

Tips：冰糖能够补充体内的糖分，具有供给能量、补充体力等作用。

葡萄哈密瓜奶

● 补充体力 + 促进代谢

【食材准备】葡萄 50 克，哈密瓜 80 克，鲜奶 200 毫升。

【料理方法】① 葡萄洗净，去皮，去籽，备用。
② 哈密瓜洗净，去皮，去籽，切成小块。
③ 将所有材料放入果汁机内搅打成汁即可。

饮用功效

此款饮品中含有丰富的碳水化合物和钾、钙等矿物质，可以迅速补充体力，促进新陈代谢，有效消除疲劳。

Tips：葡萄含糖量高达 30%，且以含易被人体吸收的葡萄糖为主。葡萄中的大量果酸还有助于消化。适当吃些葡萄，能保养血管。

西瓜番茄汁

● 利尿消肿 + 醒酒解毒

【食材准备】西瓜 200 克，橘子 100 克，番茄 80 克，柠檬 30 克，冷开水 200 毫升。

【料理方法】① 西瓜洗净，削皮，去籽。

② 橘子剥皮，去籽。

③ 番茄洗净，去蒂，切块；柠檬洗净，切片。

④ 将所有材料倒入果汁机内搅打 1 分钟即可。

饮用功效

西瓜具有清热解毒、利尿消肿、解酒的作用。夏天食欲不振时，清爽的西瓜汁可以及时为人体补充维生素和矿物质。

Tips：无论哪种西瓜，瓜蒂和瓜脐部位内凹，藤柄向下贴近瓜皮，近蒂部粗壮青绿，都是其成熟的标志。

白萝卜梨橄榄汁

● 利咽生津 + 止咳化痰

【食材准备】白萝卜 4 片，梨 1 个，橄榄 2 个，冷开水 100 毫升。

【料理方法】① 白萝卜洗净后切块；梨洗净，去核，切丁；橄榄洗净，去核，取出果肉。

② 将所有的材料一起放入榨汁机榨汁即可。

饮用功效

此款饮品有利咽生津之效，对于缓解咽炎有显著疗效。夏秋换季之时，适量饮用此饮品，能有效改善因天气干燥引起的咽部不适。

Tips：白萝卜生吃有很强的行气作用，其辛辣的成分可促进胃液分泌，促进消化。中医素来称橄榄为“肺胃之果”，橄榄对辅助治疗肺热咳嗽、咯血颇有益。

哈密瓜芒果汁

● 补充体力 + 通利小便

【食材准备】芒果 150 克，哈密瓜 100 克，鲜奶 240 毫升，山药汁 10 毫升。

【料理方法】① 芒果洗净，去皮，去核，备用。
② 哈密瓜去皮，去籽，切块。
③ 将所有材料放入果汁机内搅打 2 分钟即可。

饮用功效

芒果、哈密瓜的维生素含量在水果中名列前茅，此款饮品除了能缓解眼部疲劳，还能有效恢复体力。

Tips：山药能补肾气，还能滋养肾阴，常用于治疗肾气虚造成的腰膝酸软、夜尿频多或遗尿、男性滑精早泄、女性带下清稀等症。

秋葵汁

● 增强体力 + 保护视力

【食材准备】秋葵 3 根，鲜奶 200 毫升，蜂蜜适量。

【料理方法】① 秋葵用沸水焯一下，洗净，切段。
② 把切好的秋葵和鲜奶一起放入榨汁机榨汁。
③ 榨好后加入适量蜂蜜搅匀即可。

饮用功效

此款饮品富含多种矿物质，能够增强人体抵抗力。

Tips：秋葵分泌的黏蛋白有保护胃壁的作用，并可促进胃液分泌，增强食欲，改善消化不良等症。秋葵含有的维生素 A，有益于视网膜健康，可保护视力。

彩椒柠檬汁

● 改善黑斑 + 保护视力

【食材准备】柠檬 30 克，彩椒 150 克，冰糖 25 克，冷开水 30 毫升。

【料理方法】① 柠檬洗净，对半切开，去籽，用榨汁机榨成汁备用。

② 彩椒洗净，去蒂，对半切开，去籽，切小块，榨成汁备用。

③ 将榨好的柠檬汁、彩椒汁与冰糖及冷开水调匀即可。

饮用功效

彩椒含有丰富的维生素 C，不仅可改善黑斑，还能促进血液循环。另外，彩椒还含有 β－胡萝卜素，能够保护视力。

菠菜荔枝汁

● 改善失眠 + 理气补血

【食材准备】菠菜 1 棵，荔枝 4 颗，冷开水 200 毫升。

【料理方法】① 菠菜洗净，切碎。

② 荔枝去皮，去核，取出果肉。

③ 将所有材料一起放入榨汁机榨汁即可。

饮用功效

此款饮品能够补铁，养护心脏，非常适合忙碌的白领一族补充营养饮用。

Tips：荔枝果肉含丰富的维生素 C，有助于增强人体免疫功能，且具有理气补血、温中止痛、补心安神的功效。

蜜枣黄豆鲜奶

● 补铁养血 + 延缓衰老

【食材准备】 干蜜枣 15 克，蚕豆 50 克，鲜奶 240 毫升，黄豆粉 25 克，冰糖 20 克。

【料理方法】 ① 干蜜枣洗净后用温开水泡软。
② 蚕豆用沸水煮过后，剥掉外皮，切成小丁。
③ 将所有材料倒入果汁机内搅打 2 分钟即可。

饮用功效

蜜枣含有人体不可或缺的铁和 B 族维生素，黄豆粉则富含植物性蛋白质和叶酸（一种 B 族维生素），此款饮品可预防贫血。

Tips：豆奶有强大的抗氧化作用，能促进脂肪代谢，避免脂肪聚集。而豆奶中的卵磷脂能促进新陈代谢，延缓细胞老化。

双葡萄鲜奶汁

● 舒缓情绪 + 补铁养颜

【食材准备】 葡萄柚 1 个，鲜奶 200 毫升，葡萄干适量。

【料理方法】 ① 葡萄柚去皮，取果肉切块；葡萄干洗净。
② 将葡萄柚、葡萄干和鲜奶一起放入榨汁机榨汁即可。

饮用功效

此款饮品可有效提高免疫力，补铁养颜。

Tips：女性经常食用葡萄柚，能够缓解紧张情绪。葡萄柚中含有大量的维生素 C，能降低血液中的胆固醇。葡萄柚还有增强体质的功效，能帮助身体吸收钙和铁。其所含的天然叶酸，有预防贫血的功效。

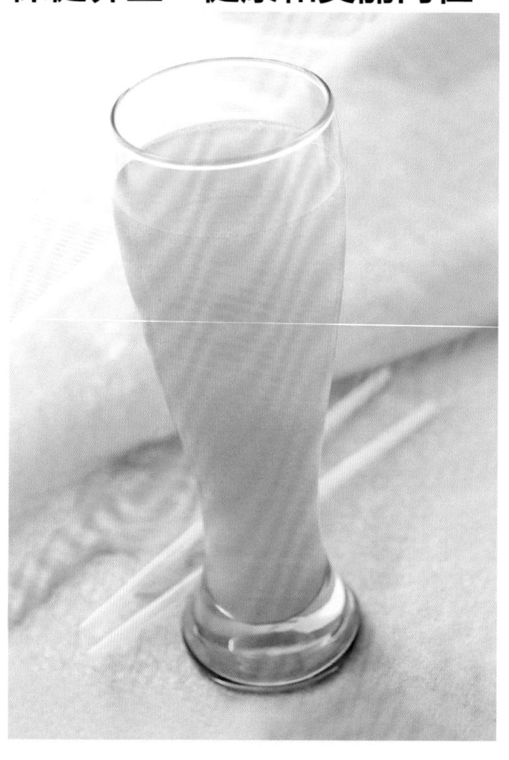

胡萝卜苹果橘汁

● 增强体力 + 预防感冒

【食材准备】胡萝卜 80 克，苹果 100 克，橘子 80 克，冰糖 10 克。

【料理方法】① 胡萝卜洗净，去皮，切成小块。

② 苹果洗净，去皮，去核，切成小块；橘子去皮，剥成瓣状。

③ 将胡萝卜、苹果和橘子放入榨汁机内榨成汁，加入冰糖搅拌均匀即可。

饮用功效

常喝此款饮品可以增强体力，预防感冒。

Tips：橘子皮有杀菌、祛风寒、助眠、去异味等功效，可用来洗头泡澡，具有清除皮肤污垢、滋润肌肤、消除疲劳的作用。

葡萄菠菜汁

● 增强体力 + 缓解疲劳

【食材准备】葡萄 10 颗，菠菜 2 棵，柠檬 2 片，冷开水 200 毫升。

【料理方法】① 葡萄、柠檬片分别洗净；菠菜洗净，切碎。

② 将所有材料一起放入榨汁机榨汁即可。

饮用功效

此款饮品能够缓解机体疲劳，改善身体亚健康状态。

Tips：葡萄中所含的葡萄糖，能很快被人体吸收。因此，葡萄常常被作为体力不支人士的能量补充剂。菠菜是高纤维、低热量、高营养价值的蔬菜，对于缓解身体疲劳有很好的效果。

莲藕苹果柠檬汁

● 清热凉血 + 通便解毒

【食材准备】莲藕 150 克，苹果 80 克，柠檬 30 克，大葱段适量。

【料理方法】① 莲藕洗净，去皮后切成小块。
② 苹果洗净，去皮，去核，切成小块。
③ 柠檬洗净后切成小片；大葱段洗净。
④ 将所有材料放入榨汁机内榨成汁即可。

饮用功效

此款饮品可以改善因感冒引起的喉咙痛，还可以清热凉血，日常饮用可以起到强身健体、增强机体免疫力的作用。

Tips：莲藕含有丰富的维生素和膳食纤维，能帮助消化，预防便秘，排出体内的废物和毒素。

莲藕豆浆汁

● 调节内分泌 + 生津润肺

【食材准备】莲藕 2 片，豆浆 200 毫升。

【料理方法】① 莲藕洗净，去皮，切碎。
② 将切好的莲藕和豆浆一起放入榨汁机榨汁即可。

饮用功效

常饮此款饮品能够生津润肺，清热凉血。豆浆具有补钙、补充大豆卵磷脂的作用。

Tips：豆浆中含有一种植物雌激素，可调节女性内分泌，使分泌周期保持正常，还能有效预防乳腺癌和子宫癌。

金橘苹果蜜汁

● 增强体力 + 预防感冒

【食材准备】金橘 50 克，苹果 100 克，白萝卜 80 克，蜂蜜 10 毫升。

【料理方法】① 金橘洗净备用；苹果洗净，去掉外皮，去核，切块备用。

② 白萝卜洗净，去掉外皮，切成小块。

③ 将上述材料倒入果汁机内榨成汁，加入蜂蜜搅拌均匀即可。

饮用功效

金橘外皮富含维生素 C，与白萝卜、苹果一起榨成蔬果汁，可以补充体力，预防感冒。

Tips：风寒感冒者可取金橘 5 个，生姜、大葱各 20 克，以水煎服，每日 3 次；干咳少痰者可取金橘 5 个（去核捣烂）、川贝母 10 克、冰糖适量，加水炖服，每日 2 次。

甜椒番茄汁

● 软化血管 + 预防感冒

【食材准备】甜椒半个，番茄 1 个，冷开水 200 毫升。

【料理方法】① 甜椒洗净去籽，切块备用。

② 将番茄划几道口子，在沸水中浸泡 10 秒，取出后去皮，切块。

③ 将所有材料一起放入榨汁机榨汁即可。

饮用功效

此款饮品能够补充维生素 C 和番茄红素，还能促进血液循环，软化血管，预防动脉硬化。

Tips：甜椒富含多种维生素及微量元素，其中的维生素 C 不仅可以改善黑斑及雀斑，还有预防感冒、增强免疫力等功效。

香柚萝卜蜜汁

● 增强免疫 + 美容养颜

【食材准备】柚子 150 克，白萝卜 100 克，蜂蜜 20 毫升 。

【料理方法】① 柚子去皮，剥出果肉，去籽备用；柚子皮洗净后切成细丝。

② 白萝卜洗净，削皮后磨成细泥，用纱布绞汁，取汁。

③ 将所有材料倒入榨汁机内榨汁。

饮用功效

此款饮品能降低血脂，美容养颜，增强免疫力，还能清热解酒，健脾开胃，其富含的维生素 C 还可以提高身体的抵抗力。白萝卜还有止咳的作用。

苹果荠菜香菜汁

● 补充钙质 + 促进食欲

【食材准备】苹果半个，荠菜 100 克，香菜 1 棵，冷开水 200 毫升。

【料理方法】① 苹果洗净，去核，切块。

② 荠菜、香菜洗净后切碎。

③ 将所有材料一起放入榨汁机榨汁即可。

饮用功效

此款饮品能够补钙和补充膳食纤维，还可以开胃，促进食欲。

Tips：荠菜富含促进骨骼形成所必需的维生素 K，不仅能补钙，还能提高骨骼强度。香菜富含香气，可以增强食欲。苹果中的维生素 B_6 和铁，还有助于钙质的吸收。

葡萄柠檬汁

● 增强体力 + 预防感冒

【食材准备】葡萄100克，胡萝卜150克，柠檬30克，冷开水适量，冰糖10克。

【料理方法】① 葡萄洗净；胡萝卜洗净，去皮，切成小块备用；柠檬洗净，切片。

② 将葡萄、胡萝卜、柠檬和冷开水倒入榨汁机内榨成汁，再加冰糖调匀即可。

饮用功效

葡萄、胡萝卜富含维生素A和维生素C，可以增强体力，还能有效预防感冒。

Tips：低密度胆固醇是引起高血压的“元凶”之一。胡萝卜中所含的营养物质能辅助减少低密度胆固醇，对预防高血压有一定的作用。

胡萝卜冰糖梨汁

● 养肝护肤 + 滋阴润肺

【食材准备】胡萝卜100克，梨125克，冰糖50克。

【料理方法】① 胡萝卜洗净，去皮，切成小块。

② 梨洗净，去皮，去核，切成小块。

③ 将所有材料倒入榨汁机内榨成汁即可。

饮用功效

梨可滋阴、降火、润肺，加胡萝卜榨汁，具有护肝、增强身体抵抗力的功效。

Tips：胡萝卜所含的β－胡萝卜素具有强效抗氧化力，可以减少对机体有害的氧自由基，达到护肤、延缓衰老的作用。

香蕉哈密瓜奶

● 缓解压力 + 促进造血

【食材准备】香蕉 125 克，哈密瓜 150 克，脱脂鲜奶 200 毫升。

【料理方法】① 香蕉去皮，切成大小适当的块备用。

② 哈密瓜洗净，去皮，去瓤，切成小块备用。

③ 将所有材料放入榨汁机搅打 2 分钟即可。

饮用功效

香蕉含钾多，含钠少，可以辅助降血压；而鲜奶中的钙也有助于维持肌肉、神经的正常兴奋性，对于上班族来说可以起到缓解压力、镇静情绪的作用。

Tips：哈密瓜含铁丰富，对人体造血功能有显著的促进作用，贫血者和女性宜食。

香柚汁

● 消除疲劳 + 健脾消食

【食材准备】沙田柚 350 克。

【料理方法】① 沙田柚去皮，取果肉，将果肉切块。

② 将沙田柚果肉放入榨汁机内榨成汁即可。

饮用功效

此款饮品可以预防感冒、消除疲劳，还可以预防癌症和动脉硬化。

Tips：沙田柚果肉性寒，味甘、酸，有清热化痰、止咳平喘、解酒除烦、健脾消食的功效。桂林阳朔县、平乐县、恭城县等地均盛产沙田柚，其中以漓江沿岸出产的沙田柚为佳。桂林沙田柚于立冬时节下树上市，重量 0.9~1.25 千克的为上品。

姜梨蜜饮

● 生津止渴 + 润肺化痰

【食材准备】梨 100 克，生姜 15 克，冷开水 240 毫升，蜂蜜 20 毫升。

【料理方法】① 梨洗净，去皮，去核，切小块。

② 生姜洗净，去皮，切成块。

③ 将除蜂蜜外的材料倒入果汁机内搅打 2 分钟。

④ 将果汁用电磁炉加温后放入蜂蜜调匀即可。

饮用功效

梨具有生津止渴、清热润肺、止咳化痰的功效，在梨汁中添加生姜汁和蜂蜜更有助于养肺化痰。此款饮品适宜秋冬季饮用。

Tips：生姜富含姜辣素，对心脏和血管有一定的刺激作用，能使心跳加速，血管扩张，可在一定程度上促进血液循环。

姜枣橘子汁

● 温经散寒 + 健脾开胃

【食材准备】生姜 2 片，红枣 4 颗，橘子半个，冷开水 200 毫升。

【料理方法】① 生姜洗净后去皮，切末；红枣洗净后去核；橘子去皮，剥成瓣状。

② 将所有材料一起放入榨汁机榨汁即可。

饮用功效

此款饮品能够温经散寒，健脾开胃。

Tips：红枣具有补中益气、养血安神的作用；生姜具有温中止呕、解表散寒的作用。二者合用，可促进气血运行，改善手脚冰凉的症状。橘子则具有开胃理气、止咳润肺的功效。

卷心菜甘蔗汁

● 补充钙质 + 清热生津

【食材准备】圣女果 150 克，卷心菜 100 克，甘蔗汁 250 毫升。

【料理方法】① 圣女果洗净，切成片备用。
② 卷心菜洗净，撕成小块备用。
③ 将所有材料放入榨汁机内搅打 2 分钟即可。

饮用功效

卷心菜含有丰富的维生素、膳食纤维、钙质，榨汁时加入圣女果可改善口感，并补充更多维生素 C，还有助于改善肝功能。而甘蔗汁则具有清热、解毒、生津等功效。

Tips：圣女果也叫“小西红柿”，富含的谷胱甘肽和番茄红素可以促进人体生长发育，延缓衰老。

葡萄柚杨梅汁

● 美白肌肤 + 补铁补钙

【食材准备】葡萄柚 1 个，杨梅 4 颗，冷开水 200 毫升。

【料理方法】① 葡萄柚去皮，去内膜，果肉切块；杨梅洗净，去核。
② 将所有材料一起放入榨汁机榨成汁即可。

饮用功效

此款饮品能够消脂减肥，美容护肤。

Tips：葡萄柚中的维生素 C 可参与人体胶原蛋白的合成，促进抗体的生成，增强人体的解毒功能。葡萄柚还能帮助人体吸收钙和铁，维持人体正常代谢。葡萄柚高膳食纤维、低热量，尤其适合减肥人士食用。

胡萝卜苹果汁

● 防癌抗癌 + 降低血脂

【食材准备】胡萝卜 150 克，苹果 200 克，柠檬 30 克，冰糖 20 克。

【料理方法】① 胡萝卜洗净，去皮，切成小块。

② 苹果洗净，去皮，去核，切成小块；柠檬洗净，切成小片。

③ 将所有材料倒入榨汁机内榨汁。

饮用功效

胡萝卜含有丰富的 β－胡萝卜素，是强力抗氧化剂，可避免细胞遭受破坏，有一定防癌抗癌作用。胡萝卜、苹果都含有丰富的膳食纤维，除了有助于降低血液中的胆固醇含量、抑制脂肪的聚集，还可预防过度肥胖所引发的高脂血症。

卷心菜芦荟汁

● 杀菌抗炎 + 保护肠胃

【食材准备】卷心菜 2 片，芦荟 1 段（4 厘米长），冷开水 200 毫升。

【料理方法】① 卷心菜洗净，切碎。

② 芦荟洗净，去皮取肉。

③ 将所有材料一起放入榨汁机榨成汁即可。

饮用功效

此款饮品能够抗炎杀菌，润肠通便，能有效保护肠胃健康。

Tips：芦荟内丰富的黏液可以黏附在破损的溃疡面上，激活细胞组织再生，有助于溃疡部位以及周围组织长出新的组织，促进溃疡面修复。

草莓双笋汁

● 利尿降压 + 保护血管

【食材准备】草莓150克，芦笋60克，莴笋120克，柠檬30克。

【料理方法】① 草莓洗净，去蒂；芦笋洗净，切成小段。

② 莴笋洗净，去皮后切成小块。

③ 柠檬洗净，切片备用。

④ 将所有材料放入榨汁机搅打2分钟即可。

饮用功效

此款饮品中的芦笋含有黄酮化合物、天门冬，丰富的维生素A、维生素C、维生素E及B族维生素，能降血脂、利尿降压、保护血管，还有预防动脉硬化的功效。

香芹香蕉可可汁

● 预防便秘 + 清肠排毒

【食材准备】香芹2根，香蕉半根，冷开水200毫升，可可粉适量。

【料理方法】① 香芹洗净，切碎。

② 香蕉去皮并剥掉果络，切块。

③ 将香芹、香蕉和冷开水放入榨汁机榨汁。

④ 在榨好的蔬果汁中加入可可粉并搅拌均匀即可。

饮用功效

此款饮品能够有效促进排便，预防便秘。

Tips：香芹富含膳食纤维，可以增加大便体积，促进排便，加上润肠的香蕉，预防便秘、清肠排毒的作用十分显著。

西芹苹果蜜

● 软化血管 + 利尿降压

【食材准备】西芹 30 克，苹果 100 克，柠檬 20 克，胡萝卜 50 克，蜂蜜少许。

【料理方法】① 西芹洗净，切成小段。

② 苹果洗净，去核，切成小块；柠檬洗净，切片。

③ 胡萝卜洗净，切成小块。

④ 将上述材料倒入榨汁机内榨出汁，加入蜂蜜拌匀即可。

饮用功效

西芹苹果蜜富含维生素 C，可软化血管，预防动脉硬化。

Tips：**西芹中的利尿成分——钾，能够消除身体水肿，有利尿降压的功效。**

降压火龙果汁

● 清热消暑 + 通便利尿

【食材准备】火龙果 200 克，柠檬 30 克，酸奶 200 毫升。

【料理方法】① 火龙果去皮，切成小块备用。

② 柠檬洗净，切成小块。

③ 将所有材料倒入果汁机内打成果汁即可。

饮用功效

此款饮品可以清热消暑，还能降低血压和胆固醇。喝降压火龙果汁，有通便利尿、预防动脉硬化之效。

Tips：**火龙果能预防便秘，保护眼睛，帮助细胞膜形成，还能预防贫血、神经炎、口角炎，降低胆固醇，美白皮肤，阻碍黑斑生成。**

护肝蔬果酸奶

● 护肝强身 + 减肥瘦身

【食材准备】生菜 50 克，西芹 50 克，番茄 80 克，苹果 50 克，酸奶 250 毫升。

【料理方法】① 生菜洗净，撕成小片；西芹洗净，切成段。

② 番茄洗净，去蒂，切成小块；苹果洗净，去皮，去核，切成块。

③ 将所有材料倒入榨汁机内榨汁即可。

饮用功效

此款饮品富含多种维生素和矿物质，可以保护肝功能，常喝有益身体健康。

Tips：生菜是一种非常适合生吃的蔬菜，其含有丰富的营养成分，膳食纤维和维生素 C 含量尤其丰富，常食可美白、瘦身。

番茄香芹柠檬汁

● 清热解毒 + 保护肝脏

【食材准备】番茄 200 克，香芹 100 克，柠檬 50 克。

【料理方法】① 番茄洗净，去蒂，切成小块。

② 香芹洗净，切成小段；柠檬洗净，切成小片。

③ 将所有材料放入榨汁机内榨出汁，搅拌均匀即可。

饮用功效

香芹含多种矿物质，和番茄一起打成果汁，具有清热解毒、保护肝功能的作用。经常熬夜的人士非常适合饮用此款饮品。

Tips：香芹含有利尿成分，因而能够消除身体水肿，起到瘦身的效果。

香瓜蔬菜蜜汁

● 排出毒素＋促进代谢

【食材准备】香瓜 150 克，西芹 100 克，卷心菜 100 克，蜂蜜 30 毫升。

【料理方法】① 香瓜洗净，去皮，对半切开，去籽，切块备用。

② 西芹洗净，切段；卷心菜洗净，切片。

③ 将上述材料倒入榨汁机内榨汁，淋上蜂蜜拌匀即可。

饮用功效

香瓜含有丰富的维生素及水分，能排出体内的毒素，促进新陈代谢，预防高血压。

Tips：多食香瓜，有利于人体心脏、肝脏以及消化系统的活动，促进内分泌和造血功能。

西瓜莴笋汁

● 平肝护肝＋利尿降压

【食材准备】西瓜 2 片，莴笋 1 段（4 厘米长），冷开水 200 毫升。

【料理方法】① 西瓜去皮，去籽，切块。

② 莴笋去皮，切块。

③ 将所有材料一起放入榨汁机内榨汁。

饮用功效

此款饮品能够增强肝脏的解毒功能，还能够平肝、利尿、降压。

Tips：西瓜汁和西瓜皮中所含的矿物质有利尿作用。西瓜所含的苷具有降压作用，所含的蛋白酶可促进蛋白质分解。

萝卜蔬果汁

● 预防癌症＋消除腹胀

【食材准备】胡萝卜 150 克，小油菜 75 克，苹果 50 克，柠檬 20 克。

【料理方法】① 胡萝卜洗净，切成细长条；小油菜洗净；苹果去皮，去核，切块。柠檬洗净，切片。

② 将所有材料放入果汁机内搅打均匀即可。

饮用功效

此款饮品含有人体所需的多种营养成分，可预防癌症，帮助消化，消除腹胀。

Tips：油菜为低脂肪蔬菜，且含有膳食纤维，能与食物中的胆固醇、甘油三酯结合，将它们排出体外，从而减少人体对脂类物质的吸收。

苦瓜胡萝卜牛蒡汁

● 护肝明目＋解毒利咽

【食材准备】苦瓜 1 段（3 厘米长），胡萝卜半根，鲜牛蒡适量，冷开水 200 毫升。

【料理方法】① 苦瓜洗净去瓤，切块；胡萝卜去皮洗净，切块；牛蒡去掉外皮，切块。

② 将所有材料一起榨成汁即可。

饮用功效

此款饮品能够护肝明目，提高肝脏的解毒功能。

Tips：苦瓜含有丰富的维生素 C、胡萝卜素及钾，属于凉性食物，能够去除体内的余热，具有清热消暑的功效。另外，中医认为牛蒡有疏风散热、宣肺透疹、解毒利咽等功效，可用于风热感冒、咳嗽痰多、咽喉肿痛等症。

南瓜柳橙鲜奶

● 排毒消脂 + 增强免疫

【食材准备】 南瓜 100 克，柳橙 80 克，鲜奶 150 毫升。

【料理方法】 ① 南瓜洗净，去皮，去瓤，入锅蒸熟。
② 柳橙去皮，将果肉切成大小合适的块。
③ 将所有材料倒入榨汁机内打碎后搅匀即可。

饮用功效

南瓜含有丰富的微量元素、果胶，柳橙富含维生素 A 和维生素 C，这些成分皆可以改善肝功能。常喝此款饮品可以有效提高人体免疫力。

Tips：糖尿病患者可将南瓜干燥后制成粉剂，每次 50g，每日 2 次，用开水调服，连服 2~3 个月。

赤小豆梅子核桃汁

● 护肝养脾 + 健脑强身

【食材准备】 赤小豆适量，梅子 6 颗，核桃仁适量，冷开水 200 毫升。

【料理方法】 ① 赤小豆洗净，浸泡 3 小时以上。
② 梅子洗净，去核。
③ 将所有材料一起放入榨汁机榨成汁即可。

饮用功效

此款饮品能够护肝、利尿、健脑。

Tips：赤小豆富含 B 族维生素、蛋白质及多种矿物质，有利尿、消肿等功效。核桃含有大量优质脂肪酸和蛋白质，既能健脑，又能强壮身体。

香柚番茄酸奶

● 补钙强身 + 软化血管

【食材准备】番茄 200 克，胡柚 80 克，柠檬 30 克，酸奶 240 毫升，冰糖 20 克。

【料理方法】① 番茄洗净，去蒂，切块；柠檬洗净，切片。
② 胡柚去皮，剥掉内膜，切块备用。
③ 将所有材料倒入果汁机内，搅打 2 分钟即可。

饮用功效

番茄富含维生素 C，搭配钙质丰富的酸奶，可以补钙、软化血管。此款饮品对长期吸烟者能起到一定的补益作用。

Tips：挑选胡柚时，首先要看外表，好的胡柚表皮没有虫蛀，没有腐烂，且颜色鲜艳；然后掂重量，重的胡柚口感更好。

土豆芦柑生姜汁

● 舒缓情绪 + 缓解孕吐

【食材准备】土豆半个，芦柑 1 个，生姜 1 片，冷开水 200 毫升。

【料理方法】① 土豆洗净，去皮，切块，在沸水中焯一下；芦柑去皮，果肉分瓣；生姜洗净，去皮，切成末。
② 将所有材料一起放入榨汁机榨成汁。

饮用功效

此款饮品能够温中止呕，可有效缓解孕吐症状。

Tips：芦柑所含的橘皮苷可以加强毛细血管的韧性，还可以舒缓情绪。芦柑所散发的气味沁人心脾，还可以防治孕吐。

番茄芒果汁

● 降低血脂 + 瘦身排毒

【**食材准备**】芒果 75 克，番茄 150 克，冰糖适量。

【**料理方法**】① 芒果洗净，去皮，去核，切成小块。

② 番茄洗净，去蒂，切块。

③ 将除冰糖外的所有材料倒入榨汁机内搅打成汁，最后加入冰糖即可。

饮用功效

番茄含有大量的维生素 C、维生素 A 及钙、磷、铁，有降低胆固醇、预防高血压等功效。经常饮用本款饮品，还能够强壮身体、瘦身排毒。

Tips：芒果富含的胡萝卜素，可以活化细胞、促进新陈代谢。但芒果属性温热，皮肤病患者应避免进食。

酪梨葡萄柚汁

● 美容养颜 + 降压降脂

【**食材准备**】酪梨 50 克，葡萄柚 150 克，冷开水 200 毫升。

【**料理方法**】① 酪梨洗净，去皮，去核，切成大小合适的块。

② 葡萄柚去皮，去内膜，果肉切成小块。

③ 将所有材料倒入果汁机内搅打均匀即可。

饮用功效

葡萄柚和酪梨都具有降低血压和胆固醇的功效。经常饮用本品，还可以美容养颜、缓解宿醉。

Tips：葡萄柚所含的丰富维生素 C，不仅可以美白养颜，还可以缓解压力、增强身体抵抗力。

番茄苹果酸奶

● 消解油腻＋改善便秘

【食材准备】番茄 80 克，圣女果适量，苹果 100 克，酸奶 200 毫升。

【料理方法】① 番茄洗净，去蒂，切成小块；圣女果洗净，切片。

② 苹果洗净，去皮，去核，切成小块备用。

③ 将所有材料放入果汁机内搅打均匀即可。

饮用功效

番茄可以助消化、解油腻、抗氧化，苹果可以整肠通便，加入酸奶，可以显著改善便秘。

Tips：酸奶中的乳酸菌可调节人体胃肠道正常菌群，抑制肠道内腐败菌生长繁殖和腐败物的产生。

葡萄蔬果酸奶

● 降低血压＋抗氧化

【食材准备】胡萝卜 50 克，葡萄 150 克，酸奶 200 毫升，碎冰块 20 克。

【料理方法】① 胡萝卜洗净，去皮，切成大小合适的块。

② 葡萄洗净备用。

③ 将所有材料放入果汁机内搅打均匀即可。

饮用功效

葡萄含有丰富的葡萄糖，还含有大量的钾，有预防高血压的作用。

Tips：胡萝卜中的 β－胡萝卜素很丰富，具有很强的抗氧化作用。

橘香姜蜜汁

● 暖胃止呕 + 降低血脂

【食材准备】 橘子 150 克，生姜 10 克，蜂蜜 15 毫升。

【料理方法】 ① 橘子剥皮，撕成小块，放入榨汁机内榨成汁。

② 生姜洗净切片，加水煮沸，静置待其温度稍降。

③ 将温度适宜的生姜水加入榨好的橘子汁中，再加入蜂蜜拌匀即可。

饮用功效

橘子含有丰富的维生素 C。维生素 C 有降低血脂和胆固醇的作用。故橘子适宜冠心病、高脂血症患者食用。

Tips：生姜可以暖胃止呕，还能促进身体排出寒湿。

胡萝卜山楂汁

● 帮助消化 + 促进食欲

【食材准备】 胡萝卜 1 根，山楂 8 颗，冷开水 200 毫升，蜂蜜适量。

【料理方法】 ① 胡萝卜洗净，去皮，切块；山楂洗净，去核。

② 将准备好的胡萝卜、山楂和水一起放入榨汁机榨汁。

③ 在榨好的蔬果汁中加入蜂蜜搅拌均匀即可。

饮用功效

此款饮品能够促进食欲，帮助消化。

Tips：山楂中含有多种维生素、山楂酸、柠檬酸、酒石酸以及苹果酸等，可以促进胃液分泌。小孩适量食用山楂，有助于消食化积。

胡萝卜酸奶

● 护肝明目 + 清除宿便

【食材准备】胡萝卜 150 克，柠檬 30 克，冰糖 10 克，酸奶 120 毫升。

【料理方法】① 胡萝卜洗净，去皮，切块。
② 柠檬洗净，切成小片。
③ 将所有材料倒入果汁机内搅拌 2 分钟即可。

饮用功效

胡萝卜有润肠通便、预防便秘及护肝明目的功效。酸奶可以增加肠道内的有益菌，促进肠道蠕动。

Tips：柠檬中的柠檬酸具有预防和消除皮肤色素沉着的作用，爱美的女性可适量多食用。

茴香橙子生姜汁

● 温经散寒 + 温胃行气

【食材准备】茴香 2 棵，生姜 2 片，橙子 1 个，冷开水 200 毫升。

【料理方法】① 茴香、生姜洗净切碎。
② 橙子去皮，剥成瓣状。
③ 将所有材料一起放入榨汁机榨成汁即可。

饮用功效

此款饮品能够促进血液循环，温经散寒。

Tips：茴香能刺激胃肠神经，增加胃肠蠕动，排出积存的气体，有温胃、行气的功效。多食橙子有助于排便，减少体内毒素。橙子中丰富的维生素 C，能增强免疫力和增加毛细血管的弹性，辅助降低胆固醇。

豆香番茄芹菜汁

● 预防血栓 + 降低血脂

【食材准备】 番茄 100 克，芹菜 30 克，嫩豆腐 100 克，生姜 30 克，香蕉适量，冷开水 250 毫升，蜂蜜 20 毫升。

【料理方法】 ① 番茄洗净，去蒂，切块。
② 芹菜洗净，切成 3 厘米长的段；嫩豆腐切块；生姜洗净后切小片；香蕉剥皮后切段备用。
③ 将所有材料放入果汁机内搅打 2 分钟即可。

饮用功效

此款饮品能够使血液循环顺畅，抗氧化，具有抗血栓形成的作用，还能预防动脉硬化。

Tips：豆腐中含有丰富的钙，且低脂，低热量，非常适合瘦身人士食用。

蔬菜柠檬蜜

● 清热平肝 + 软化血管

【食材准备】 芹菜 80 克，生菜 60 克，柠檬 50 克，蜂蜜 10 毫升。

【料理方法】 ① 芹菜洗净，切成段。
② 生菜洗净，撕成小片。
③ 柠檬洗净后切片备用。
④ 将上述材料放入榨汁机内榨出汁，加入蜂蜜拌匀即可。

饮用功效

芹菜可以清热平肝，降血压。此款饮品富含维生素 C，可以软化血管，预防动脉硬化。

Tips：生菜适合高胆固醇血症、神经衰弱、肝胆病患者经常食用。

胡萝卜山竹汁

● 补充营养 + 促进食欲

【食材准备】胡萝卜 60 克，山竹 100 克，柠檬 50 克，冷开水 100 毫升。

【料理方法】① 胡萝卜洗净，去皮，切成薄片。
② 山竹洗净，剥出果肉；柠檬洗净，切片。
③ 将上述材料放入果汁机，加入冷开水搅打成汁即可。

饮用功效

山竹富含多种矿物质，且酸甜开胃，对体弱、营养不良、食欲不振以及病后康复者都有很好的调养作用。

Tips：均衡摄入维生素 C 和维生素 E，有助于强化记忆力，提高思维灵敏度。

草莓酸奶

● 舒缓压力 + 预防癌症

【食材准备】草莓 75 克，酸奶 250 毫升，冰糖 10 克，柠檬 30 克。

【料理方法】① 草莓洗净，去蒂，切成大小合适的块；柠檬洗净，切片。
② 将所有材料一起放入果汁机内搅打 2 分钟即可。

饮用功效

草莓酸奶非常适宜工作忙碌、压力大者饮用。但草莓含草酸较高，易患泌尿系统结石者应少吃。

Tips：柠檬富有香气，还能促进胃酸的分泌，增强胃肠蠕动。

香柚草莓酸奶

● 延缓衰老 + 美白肌肤

【食材准备】沙田柚 100 克，草莓 20 克，葡萄适量，酸奶 200 毫升。

【料理方法】① 沙田柚去皮，取果肉切成小块。

② 草莓洗净，去蒂，切成小块；葡萄洗净，去皮后备用。

③ 将所有材料放入果汁机内搅打成汁即可。

饮用功效

草莓、沙田柚都富含维生素 C，有助于清除体内的自由基，有延缓衰老、美白皮肤的功效。

Tips：沙田柚怎么挑选？成熟的沙田柚外表应该是略深的橙黄色，果蒂部呈短颈状葫芦形或梨形的品质较好。

松子番茄汁

● 益气健脑 + 保护大脑

【食材准备】番茄 1 个，柠檬 2 片，松子仁适量，冷开水 200 毫升。

【料理方法】① 番茄洗净，在沸水中浸泡 10 秒，去蒂，剥去表皮并切块；柠檬片洗净。

② 将所有材料一起放入榨汁机榨成汁即可。

饮用功效

此款饮品富含优质不饱和脂肪酸，适合脑力劳动者。

Tips：松子是优质的大脑营养补充剂，特别适合用脑过度的人群食用。松子中的不饱和脂肪酸具有增强脑细胞代谢、保护脑细胞的作用。

猕猴桃桑葚奶

● 补充营养 + 美肤抗老

【食材准备】桑葚 100 克，猕猴桃 50 克，鲜奶 150 毫升。

【料理方法】① 桑葚用盐水浸泡后清洗干净。
② 猕猴桃洗净，去皮，切成大小适合的块。
③ 将桑葚、猕猴桃一起放入果汁机内，加入鲜奶，搅打均匀即可。

饮用功效

桑葚营养丰富，富含花青素，可以抗氧化，延缓衰老。桑葚性寒，脾胃虚寒者不宜多食。

Tips：研究发现，鲜奶之所以具有镇静安神的作用，是因为含有一种可抑制神经兴奋的物质——色氨酸。睡前喝一杯鲜奶有助于睡眠。

苹果红薯汁

● 补益气力 + 预防便秘

【食材准备】苹果 1 个，红薯 1 个，冷开水 100 毫升。

【料理方法】① 苹果洗净，去核，切块。
② 红薯洗净，蒸熟，去皮之后切块。
③ 将所有材料一起放入榨汁机榨成汁即可。

饮用功效

此款饮品能够补充丰富的膳食纤维，预防便秘。

Tips：红薯有补虚乏、益气力、健脾胃、强肾阴的功效，能使人“长寿少疾”。红薯含有大量膳食纤维、维生素等人体必需的营养成分，以及镁、磷、钙等矿物质，营养十分丰富。

香梨酸奶

● 预防便秘 + 祛斑美颜

【食材准备】梨 125 克，柠檬 30 克，酸奶 200 毫升。

【料理方法】① 梨去皮，去核，切块。
② 柠檬洗净后切块。
③ 将所有材料放入果汁机内搅打成汁即可。

饮用功效

常饮此款饮品，可以预防便秘、动脉硬化、身体老化，还具有预防黑斑、雀斑、老人斑及细纹的功效。

Tips：梨中含有糖类、鞣酸、多种维生素及微量元素等成分，具有润肺止咳、软化血管等功效。

南瓜核桃汁

● 健脑益智 + 补充能量

【食材准备】南瓜 200 克，核桃仁适量，冷开水 200 毫升。

【料理方法】① 南瓜洗净，去皮，去籽，切块。
② 将切好的南瓜放入锅内蒸熟。
③ 将蒸好的南瓜和核桃仁、冷开水一起放入榨汁机榨成汁即可。

饮用功效

此款饮品可补充能量，健脑益智。

Tips：核桃中大部分脂肪是不饱和脂肪酸，且核桃富含 B 族维生素、铜、镁、钾，也含有膳食纤维等，营养价值高。核桃具有健脑功效，有“万岁子”“长寿果”“养生之宝”等美誉。

元气蔬果汁

● 美容养颜 + 促进消化

【食材准备】莴笋 80 克，西芹 70 克，柠檬 30 克，苹果 150 克，冰糖 10 克。

【料理方法】① 莴笋去皮，洗净，切成小段。
② 西芹洗净，切成小段；柠檬洗净，切片。
③ 苹果洗净，去核后带皮切成小块。
④ 将所有材料放入榨汁机内搅打 2 分钟即可。

饮用功效

此款饮品富含维生素 A 和维生素 C。经常饮用，美容又养颜。

Tips：莴笋可刺激消化酶的分泌，增进食欲，还可刺激胆汁、胃液的分泌，促进食物的消化。

毛豆葡萄柚鲜奶汁

● 补铁补钙 + 改善气色

【食材准备】葡萄柚半个，熟毛豆适量，鲜奶 200 毫升。

【料理方法】① 葡萄柚去皮，取出果肉；熟毛豆去荚取豆粒。
② 将所有材料一起放入榨汁机榨成汁即可。

饮用功效

此款饮品能够补铁，补钙，改善气色。

Tips：毛豆中的铁易于被人体吸收，可以作为儿童补铁食物。毛豆中含有黄酮类化合物，其中的大豆异黄酮被称为“天然植物雌激素”，可以改善妇女更年期的不适，预防骨质疏松。

芝麻香蕉鲜奶

● 嫩肤护肤 + 润肠通便

【食材准备】香蕉 100 克，芝麻酱 20 毫升，鲜奶 240 毫升。

【料理方法】① 香蕉去皮，切成小段，放入果汁机内。

② 倒入芝麻酱及鲜奶，一起搅拌 2 分钟即可。

饮用功效

本款饮品可以润肠通便。本饮品含有抗老化的维生素 E，可以使皮肤、指甲更健康；还含有丰富的维生素 B_2，可以促进细胞的生长代谢，呵护皮肤。

Tips：芝麻营养丰富，所含的木酚素类物质具有抗氧化作用，可以消除肝脏中的活性氧，减轻肝脏的负荷，缓解宿醉。

番茄山楂蜜

● 防癌抗癌 + 清热平肝

【食材准备】番茄 150 克，山楂 80 克，蜂蜜 10 毫升，冷开水 250 毫升。

【料理方法】① 番茄洗净，去蒂，切块。

② 山楂洗净，去籽，切成小块。

③ 将番茄、山楂放入果汁机内，加冷开水和蜂蜜搅打 2 分钟即可。

饮用功效

此款饮品富含番茄红素，能抗氧化，清除自由基，有防癌抗癌的作用；同时还有清热平肝、消食、利尿等功效。

Tips：山楂富含胡萝卜素、钙、齐墩果酸、山楂素等三萜类烯酸和黄酮类有益成分，能起到舒张血管、调节心肌的作用。

芝麻蜂蜜豆浆

● 补肝益肾 + 补充体力

【食材准备】芝麻酱 30 毫升，豆浆 250 毫升，蜂蜜 10 毫升。

【料理方法】① 将芝麻酱、豆浆搅拌均匀，倒入果汁机内。
② 搅打均匀后加入蜂蜜拌匀即可。

饮用功效

此款饮品能补肝益肾，强身，润燥滑肠，通乳，抑制人体对胆固醇、脂肪的吸收，预防心血管病，还能美白肌肤，增强记忆力，使头发乌黑亮丽。

Tips：蜂蜜是极佳的能量补充剂。食用蜂蜜能迅速补充体力，消除疲劳。

芝麻葡萄汁

● 防衰抗老 + 美容养颜

【食材准备】葡萄 100 克，苹果 150 克，黑芝麻 10 克，酸奶 200 毫升。

【料理方法】① 葡萄洗净，备用。
② 苹果洗净，去皮，去核，切成小块。
③ 将所有材料放入果汁机内搅打均匀即可。

饮用功效

葡萄的皮和籽富含花青素，具有抗氧化、清除自由基、排出体内毒素的功效，加上芝麻，更能美容养颜，延缓人体衰老。

Tips：芝麻所含的脂肪，大多数为不饱和脂肪酸，对老年人尤为有益。

黑豆养生汁

● 除湿利尿 + 补肾乌发

【食材准备】黑豆 75 克，冷开水 200 毫升，黑芝麻粉 10 克，红糖 10 克。

【料理方法】① 黑豆洗净，入锅中煮熟，捞出备用。

② 将黑豆和冷开水放入果汁机搅打 2 分钟。

③ 加入黑芝麻粉和红糖拌匀即可。

饮用功效

黑豆可祛风除湿，调中下气，利尿，明目；还可滋补肾气，乌发。此款饮品适合经常熬夜的人士。

Tips：黑豆的膳食纤维含量较高，可促进胃肠蠕动，预防便秘，是减肥佳品。

蓝莓汁

● 抗自由基 + 保护视力

【食材准备】蓝莓 15 颗，冷开水适量。

【料理方法】① 蓝莓用盐水泡 10 分钟，洗净。

② 把洗好的蓝莓和冷开水一起放入榨汁机榨成汁即可。

饮用功效

此款饮品对预防眼部疾病有很好的效果。

Tips：蓝莓含有大量生理活性物质，被称为果蔬中的“头号抗氧化剂”，能保护细胞免受过氧化物的破坏。蓝莓中的花青素可促进视网膜细胞中视紫质的再生，可预防重度近视及视网膜剥离，并可保护视力。

红豆酸奶

● 促进代谢 + 延缓衰老

【食材准备】 红豆 50 克，香蕉 10 克，蜂蜜 10 毫升，酸奶 200 毫升。

【料理方法】 ① 红豆洗净，入锅中煮熟备用。
② 香蕉去皮，切成小段。
③ 将所有材料放入果汁机内搅打均匀即可。

饮用功效

红豆能促进心脏代谢，可补血，增强机体抵抗力，舒缓女性经期不适。

Tips：香蕉能帮助体内排毒，改善气色，还能由内而外地滋润皮肤，为肌肤补水，延缓衰老。

百合红豆豆浆汁

● 清热解毒 + 润肺止咳

【食材准备】 红豆适量，百合适量，豆浆 100 毫升，水 200 毫升。

【料理方法】 ① 红豆浸泡 4 ~ 8 个小时，之后放入高压锅中，加水，以大火煮沸，上汽后再煮 5 分钟；百合洗净，过沸水，沥水备用。
② 将煮好的红豆、红豆水、百合和豆浆一起放入果汁机搅匀即可。

饮用功效

此款饮品有清热解毒、润肺止咳的功效。

Tips：百合甘凉清润，主入心、肺，常用于润燥止咳，清心安神。红豆中所含的硒、维生素 E 和维生素 C 有很强的抗氧化作用，对活化脑细胞大有裨益。

胡萝卜百合梨汁

● 增强免疫 + 预防癌症

【食材准备】胡萝卜 100 克，梨 150 克，干百合适量，冷开水 250 毫升。

【料理方法】① 胡萝卜洗净，去皮，切成小块，备用。

② 梨洗净，去皮，去核，切成小块；干百合用热水泡开，洗净备用。

③ 将所有材料倒入榨汁机内搅打 2 分钟即可。

饮用功效

梨有助于改善肝炎引发的黄疸，加入含有胡萝卜素的胡萝卜一起榨汁，可以增强免疫力，预防癌症。

香蕉蓝莓橙子汁

● 降胆固醇 + 增强体力

【食材准备】香蕉 1 根，蓝莓 10 颗，橙子 1 个，冷开水 200 毫升。

【料理方法】① 香蕉去皮并剥去果络，切块；蓝莓洗净；橙子去皮，剥成瓣状。

② 将所有材料一起放入榨汁机榨成汁即可。

饮用功效

此款饮品能够降低胆固醇，提高机体活力。

Tips：蓝莓能增强人体免疫力，抗氧化，助眠，激活人体细胞，促进微循环，延缓衰老，预防心脑血管发生病变；同时，还能祛风除湿、强筋骨、滋阴补肾，提高人体活力。

菠菜胡萝卜汁

● 保护肌肤 + 预防贫血

【食材准备】菠菜 100 克，胡萝卜 50 克，卷心菜 15 克，西芹 60 克。

【料理方法】① 菠菜洗净，去根，切成小段。
② 胡萝卜洗净，去皮，切小块。
③ 卷心菜洗净，撕成小块；西芹洗净，切成小段。
④ 将准备好的材料放入榨汁机榨成汁即可。

饮用功效

此款饮品可预防癌症或动脉硬化，还可保护肌肤，预防贫血。

Tips：菠菜含草酸较多，可以用沸水焯熟后加入醋和杏仁制成老醋果仁菠菜，非常适合有瘦身需求的人士用来减肥排毒、补铁养颜。

百合山药汁

● 清心除烦 + 健脾补肾

【食材准备】山药 1 段（8 厘米长），干百合适量，冷开水 200 毫升。

【料理方法】① 山药洗净，去皮，切块；干百合用热水泡开，洗净。
② 所有材料一起放入榨汁机内榨成汁即可。

饮用功效

此款饮品能够滋肾益精，补身体虚劳。

Tips：百合入心经，性微寒，能清心除烦、宁心安神。山药有健脾胃、益肺肾、补虚羸的功效。需特别注意的是，山药皮中含有的皂角素和黏液里含有的植物碱，均易引起皮肤过敏，所以应用削皮的方式处理山药，削完要立即洗手。

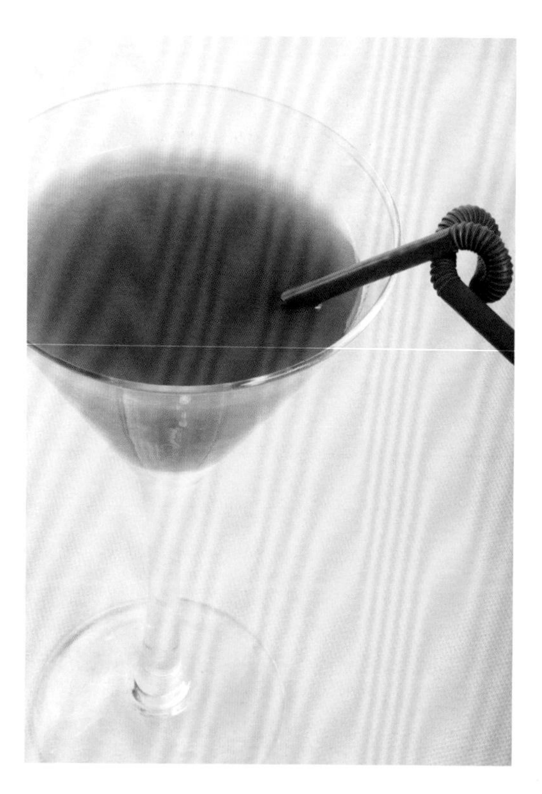

无花果李子汁

● 调节肠道 + 通便排毒

【食材准备】无花果 4 颗，李子 4 颗，猕猴桃 1 个，冷开水 200 毫升。

【料理方法】① 无花果洗净，切块；李子洗净，去核，取出果肉；猕猴桃去皮，切块。
② 将所有材料一起放入榨汁机榨成汁即可。

饮用功效

此款饮品能促进胃肠蠕动，调节肠道功能。

Tips：无花果中含有丰富的葡萄糖、果糖、蔗糖、柠檬酸以及少量苹果酸、琥珀酸等，有一定的轻泻作用，便秘时可以用作食物性的轻泻剂。此款饮品是胃酸缺乏、食后饱胀、大便秘结者的食疗良品。

木瓜汁

● 清肠排毒 + 促进消化

【食材准备】木瓜半个，冷开水 200 毫升。

【料理方法】① 木瓜洗净，去皮，去瓤，切块。
② 将切好的木瓜和冷开水一起放入榨汁机榨成汁即可。

饮用功效

此款饮品可清肠排毒，非常适合油腻饮食之后用以清理肠胃，也适合有瘦身需求的人士常饮。此款饮品冬季可用温水榨汁，夏季可加入冰块，皆口感宜人。

Tips：木瓜中含有大量的木瓜果胶，是天然的通便剂，可以带走肠胃中的脂肪、废弃物等，具有清肠排毒作用。另外，木瓜中的木瓜蛋白酶还可以分解食物中的蛋白质，促进消化。

第四章

润颜：润泽亮肤蔬果汁

根据美白亮肤、祛斑消纹、预防粉刺、润泽肌肤四大美容主题打造的美颜新攻略，通过饮用天然的蔬果汁将多种皮肤问题逐一击破，让你拥有水漾透白的美丽容颜，身体从此更加年轻。

荸荠双瓜汁

● 清热除烦＋促进造血

【食材准备】 哈密瓜 100 克，黄瓜 150 克，荸荠 45 克。

【料理方法】 ① 哈密瓜洗净，去皮，去瓤，切块；黄瓜洗净，切块；荸荠洗净，去皮。
② 将所有材料榨成汁即可。

饮用功效

哈密瓜含铁量高，对人体造血功能有促进作用，是很好的女性滋补水果。中医学认为，哈密瓜味甘，性寒，有利小便、除烦止渴、解燥消暑的作用，有助于缓解干渴、中暑等症。

Tips：哈密瓜性寒，吃太多会引起腹泻。另外，糖尿病患者应慎食哈密瓜。

西蓝花黄瓜汁

● 润滑肌肤＋降血糖

【食材准备】 莴笋 125 克，西蓝花 60 克，黄瓜 100 克，冰块适量。

【料理方法】 ① 莴笋洗净，去皮，切块；西蓝花、黄瓜洗净，切块。
② 将莴笋、西蓝花和黄瓜放入榨汁机中榨汁，最后加入冰块即可。

饮用功效

黄瓜的主要成分葫芦素具有抗肿瘤的作用，也有很好的降血糖效果。黄瓜含水量高，是美容佳品，榨成汁饮用可起到延缓皮肤衰老的作用，还可预防口角炎、唇炎，亦可润滑肌肤，保持身材苗条。

Tips：尿频、胃寒的人应少吃莴笋。

葡萄干苹果鲜奶

● 嫩肤美白 + 改善贫血

【食材准备】苹果 150 克，葡萄干 30 克，鲜奶 200 毫升。

【料理方法】① 苹果洗净，去皮，去核，切小块，放入榨汁机里；葡萄干洗净，沥干水。
② 将葡萄干、鲜奶一起放入榨汁机中搅打成汁。

饮用功效

此款饮品能嫩肤美白、改善贫血、消除疲劳。若用无核、较干的葡萄干搅打效果更佳。若不适合喝鲜奶，可用酸奶或豆浆替代。

Tips：葡萄干怎么选？挑选葡萄干时，除了通过色泽来分辨，还要看葡萄干颗粒的大小、饱满程度、颜色，一般颜色太绿或者色泽太鲜亮的都是经过人工处理的。

莲藕荸荠柠檬汁

● 生津润肺 + 美白肌肤

【食材准备】莲藕 2 片，荸荠 4 个，柠檬 2 片，水 200 毫升。

【料理方法】① 莲藕去皮，洗净，切成小块；荸荠洗净，去皮，切块；柠檬片洗净。
② 将所有材料一起放入榨汁机榨成汁即可。

饮用功效

此款饮品富含维生素 C，对于面部的保养很有帮助。

Tips：荸荠富含黏液质，具有生津润肺、化痰、利肠、消痈解毒的功效。感冒初期，饮用柠檬汁可舒缓咽喉痛，减少喉咙干痒不适。

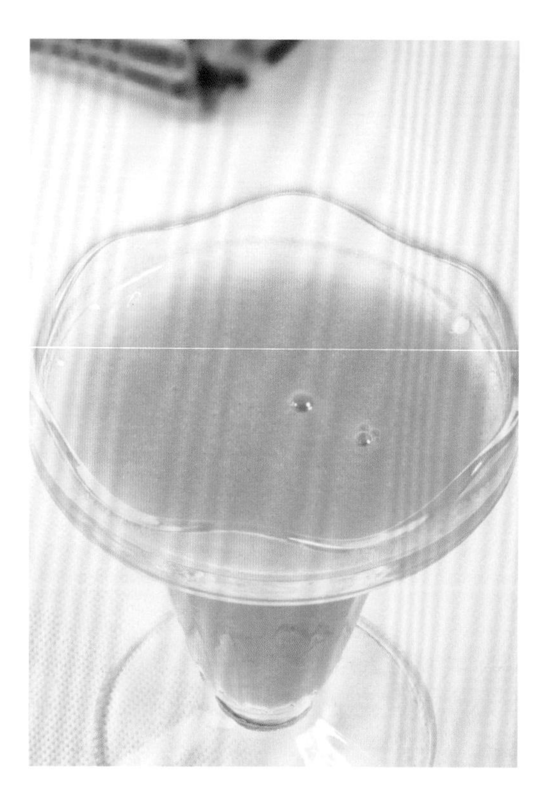

仙人掌菠萝汁

● 开胃消食 + 养颜护肤

【食材准备】仙人掌 50 克，菠萝 150 克，冰糖 15 克。

【料理方法】① 仙人掌洗净，去皮，切块。
② 菠萝洗净，去皮，切块。
③ 将仙人掌、菠萝放入榨汁机内榨汁。
④ 最后在果汁中加入冰糖调匀即可。

饮用功效

此款饮品能降血糖，降血脂，降血压，促进新陈代谢，还可开胃消食，润肺，养颜护肤。

Tips：仙人掌像芦荟一样，切割后会分泌较多黏液，影响菜肴的口感，可以在切好后用盐腌 15 分钟，清水漂净再烹饪。

苹果桂圆莲子汁

● 清心降火 + 补血养颜

【食材准备】苹果 1 个，桂圆 6 颗，莲子 4 颗，冷开水 200 毫升。

【料理方法】① 苹果洗净，去核，切块；桂圆去壳，去核，取出果肉；莲子洗净，去除莲心。
② 将所有材料一起放入榨汁机榨成汁即可。

饮用功效

此款饮品能够消除心火，补血养颜。

Tips：桂圆含有多种营养物质，有补血安神、健脑益智、补养心脾的功效。莲子有补中安神、健脾补胃、止泻固精、益肾止带的功效，常食可改善气色。

酪梨木瓜柠檬汁

● 淡化细纹+延缓衰老

【食材准备】酪梨 100 克，木瓜 120 克，柠檬 20 克，冰块少许。

【料理方法】① 酪梨和木瓜去皮，去核（籽），切块。

② 柠檬洗净后切成片。

③ 将酪梨煮熟后与木瓜、柠檬放入榨汁机中榨成汁。在果汁中加入冰块即可。

饮用功效

此款饮品可以提高皮肤的抗氧化能力，预防或淡化皱纹。

Tips：酪梨中的不饱和脂肪酸含量很高，对人体有益；它还有健胃的作用，可以保护心血管和肝脏，延缓衰老。

活力蔬果汁

● 美白润肤+淡化斑点

【食材准备】小黄瓜 200 克，胡萝卜 100 克，柠檬 30 克，柳橙 80 克，蜂蜜 10 毫升。

【料理方法】① 小黄瓜与胡萝卜均洗净，去皮，切成块，再放入榨汁机中搅打成汁。

② 柠檬洗净，切成片状。

③ 柳橙去皮，切块，与柠檬一起放入榨汁机内榨汁。

④ 将两种果汁倒入杯中，加入蜂蜜调匀即可。

饮用功效

此款饮品能美白润肤，淡化斑点，消除痘痘及粉刺，使皮肤光滑亮白。

Tips：小黄瓜营养丰富，药食两用，具有清热解毒、利尿除湿、通便等作用。

清香薄荷苹果汁

● 健胃行气 + 亮泽肌肤

【食材准备】苹果 100 克，薄荷 8 克，西芹 150 克，柠檬 10 克。

【料理方法】① 将苹果、薄荷、西芹和柠檬分别洗净。

② 苹果去皮，去核后切成块状。

③ 西芹切成小段。

④ 柠檬切片。

⑤ 将所有材料放入榨汁机中打成汁即可。

饮用功效

此饮品可亮泽肌肤，健胃行气，清利头目，对腹胀有缓解作用。

Tips：薄荷能抑制黏膜发炎，并促进排汗，还能清咽润喉，消除口臭。

芦荟柠檬汁

● 润肠通便 + 美肌嫩肤

【食材准备】芦荟 120 克，柠檬 50 克，胡萝卜 70 克，冰块少许。

【料理方法】① 芦荟洗净，去皮，切块。

② 柠檬洗净后切片。

③ 胡萝卜洗净，去皮，切块。

④ 将除冰块外的所有材料用榨汁机榨成汁后倒入杯中，依个人口味加少许冰块即可。

饮用功效

此款饮品有抗炎和美白作用，对促进脂肪代谢、调节胃肠功能都有很好的作用。

Tips：芦荟有润肠通便、调节人体免疫力、保护肝脏、抗胃黏膜损伤、抗菌抗炎、修复组织损伤等功效。

西芹菠萝蜜

● 保护肝脏 + 美白肌肤

【食材准备】菠萝 120 克，柠檬 30 克，胡萝卜 100 克，西芹 30 克，蜂蜜 20 毫升。

【料理方法】① 菠萝去皮，切块；柠檬洗净，切片；胡萝卜洗净，切块；西芹洗净，切段。
② 把除蜂蜜外的所有材料放入榨汁机中榨汁。
③ 将蔬果汁倒入杯中，加入蜂蜜搅匀即可。

饮用功效

此款饮品可保护肝脏，美白肌肤，预防皮肤干裂。

Tips：菠萝在吃之前先切成片或块放在淡盐水中浸泡 30 分钟，然后再洗去咸味，就可以达到消除过敏性物质的目的。

蜂蜜阳桃汁

● 滋润肌肤 + 消除疲劳

【食材准备】阳桃 1 个，冷开水 200 毫升，蜂蜜适量。

【料理方法】① 阳桃洗净，切片。
② 将切好的阳桃和冷开水一起放入榨汁机榨汁。
③ 在榨好的果汁内放入适量蜂蜜并搅匀即可。

饮用功效

此款饮品能够增强人体抵抗力，滋润肌肤。

Tips：阳桃中含有丰富的碳水化合物、维生素 C 及有机酸，且果汁充沛，能迅速为人体补充水分，生津止渴，并促使体内的热或酒毒随小便排出体外，消除疲劳感。蜂蜜味甘，性平、偏温，营养丰富，是滋补佳品。

菠萝柠檬汁

● 滋润皮肤 + 美白养颜

【食材准备】菠萝 160 克，柠檬 30 克，蜂蜜 20 毫升，冰块适量，冷开水 200 毫升。

【料理方法】① 柠檬洗净，对切后去皮；菠萝去皮，切块，二者一起放入榨汁机中备用。
② 将蜂蜜和冰块倒入榨汁机中，搅拌成果泥状。
③ 在榨汁机中加入冷开水，一起调匀成果汁，倒入杯中即可饮用。

饮用功效

此款饮品可以滋润皮肤，美白养颜。

Tips：如何轻松削菠萝皮？切掉菠萝的底端，使其能竖立在砧板上，然后用尖角水果刀一条一条地挖掉残留在果肉内的菠萝刺。每次要挖得足够深，才能把菠萝刺清除干净。

乌龙茶苹果汁

● 去自由基 + 延缓衰老

【食材准备】苹果半个，乌龙茶 200 毫升。

【料理方法】① 苹果洗净，去核后切成丁。
② 将苹果丁和乌龙茶一起放入榨汁机榨成汁即可。

饮用功效

此款饮品具有去除体内自由基、抗氧化、降低血压的功效。

Tips：乌龙茶中的乌龙多酚具有抗氧化作用，能够降低血液中的胆固醇和甘油三酯。乌龙茶还可以降低血液黏稠度，改善血液高凝状态，改善微循环。乌龙茶中的儿茶酚也具有抗氧化作用，能够去除体内的自由基，延缓皮肤衰老。

香蕉番茄乳酸饮

● 延缓衰老 + 润泽皮肤

【食材准备】番茄 150 克，香蕉 100 克，乳酸菌饮料 100 毫升，冷开水适量。

【料理方法】① 将番茄洗净后切块，去蒂；香蕉去皮，切块。

② 所有材料一起放入榨汁机中打成汁即可。

饮用功效

此款饮品对食欲不振有辅助治疗作用。经常饮用能使皮肤细滑白皙，可延缓衰老。

Tips：此款饮品可抗老化，润泽皮肤，还可帮助排便，使血液胆固醇降低，预防血管堵塞。

火龙果菠萝汁

● 祛湿消肿 + 美白防斑

【食材准备】火龙果 1 个，菠萝肉 2 块，冷开水 200 毫升。

【料理方法】① 火龙果去皮，果肉切块。

② 菠萝肉洗净，切成小块。

③ 将所有材料一起放入榨汁机榨成汁即可。

饮用功效

此款饮品能够祛湿消肿，滋养肌肤。

Tips：火龙果能预防便秘，保护眼睛，帮助细胞膜形成，预防贫血、神经炎、口角炎，降低胆固醇，美白皮肤，预防黑斑生成。菠萝富含维生素 B_1，能促进人体新陈代谢，消除疲劳感；其所含的丰富膳食纤维，还有助于消化。

阳桃香蕉鲜奶蜜

● 净肤亮白 + 预防皱纹

【食材准备】阳桃 80 克，香蕉 100 克，柠檬 30 克，鲜奶 200 毫升，冰糖 10 克。

【料理方法】① 阳桃洗净，切块；香蕉去皮，切块；柠檬洗净，切片。

② 将除冰糖外的所有材料放入榨汁机中搅打均匀。

③ 在果汁中加入冰糖调味即可。

饮用功效

此款饮品能美白肌肤，消除皱纹，改善干性和油性肌肤状态。榨汁前，应用软毛刷先将阳桃刷洗干净，榨出的果汁味道会更好。

Tips：多食阳桃易损脾胃，脾胃虚寒者或肾病患者宜少吃或不吃。

冰糖芦荟桂圆汁

● 红润脸色 + 预防皱纹

【食材准备】干桂圆 80 克，芦荟 100 克，冰糖 15 克，冷开水 300 毫升。

【料理方法】① 干桂圆洗净，剥去外壳，取果肉；芦荟洗净，去皮，切块。

② 桂圆肉放入小碗中，加沸水，加盖闷约 5 分钟，待其软化后，放凉。

③ 将桂圆肉和芦荟放入榨汁机中，加冷开水，快速搅打，最后加入冰糖调味即可。

饮用功效

芦荟可以滋润皮肤，预防皱纹产生；桂圆可补血。两者合用，有使人脸色红润的效果。

Tips：芦荟刺是芦荟健康的“晴雨表”，越壮实的芦荟，刺就越坚挺、锋利。

猕猴桃橙香乳

● 修护肌肤＋美白抗老

【食材准备】柳橙 100 克，猕猴桃 80 克，酸奶 250 毫升。

【料理方法】① 柳橙洗净，去皮。

② 猕猴桃洗净，取果肉。

③ 将所有材料一起放入果汁机中搅拌均匀即可。

饮用功效

此款饮品可以修护肌肤，保持肌肤光泽，使皮肤洁净白皙、白里透红。

Tips：猕猴桃中所含的多种酶具有养颜、抗衰老的功效。多吃柳橙，不仅可以美白，还有抗氧化作用。

柠檬茭白香瓜汁

● 嫩白保湿＋淡化雀斑

【食材准备】柠檬 30 克，茭白肉 150 克，香瓜 60 克，猕猴桃 50 克，冰块适量。

【料理方法】① 柠檬、茭白肉洗净，切块。

② 香瓜去皮，去瓤，切块。

③ 猕猴桃削皮后对切，取果肉。

④ 将柠檬、猕猴桃、茭白肉和香瓜依次放入果汁机中搅打成汁，最后加冰块即可。

饮用功效

此款饮品能嫩白保湿，淡化雀斑，清热解毒，除烦解渴。

Tips：茭白买回来后在外壳上洒点水，然后用保鲜膜包裹起来，再放入冰箱的冷藏室储存，这样可以保鲜 3~4 天。

蒲公英葡萄柚汁

● 祛除斑纹＋抗炎抑菌

【食材准备】柠檬50克，鲜蒲公英叶50克，葡萄柚125克，冰块少许。

【料理方法】① 柠檬洗净，切片；鲜蒲公英叶洗净。

② 葡萄柚剥皮，取果肉。

③ 将冰块放进榨汁机内；再将柠檬、鲜蒲公英叶和葡萄柚依次放入榨汁，搅匀即可。

饮用功效

蒲公英叶具有抑菌和杀菌作用，能有效抑制和杀灭金黄色葡萄球菌、伤寒杆菌和痢疾杆菌；还具有清热解毒、消肿散结、利尿、健胃等作用，有“天然抗生素”之美称。葡萄柚有美白淡斑的功效。此款饮品尤其适合肝胃气滞、面部有斑的人士饮用。

草莓香柚黄瓜汁

● 淡化斑点＋美白肌肤

【食材准备】草莓50克，柠檬50克，葡萄柚80克，黄瓜100克。

【料理方法】① 草莓洗净，去蒂；柠檬洗净，切片。

② 葡萄柚去皮，取果肉；黄瓜洗净，切块。

③ 将所有材料放入榨汁机中榨成汁即可。

饮用功效

此款饮品可补充丰富的维生素C，淡化斑点，美白肌肤。

Tips：葡萄柚含有丰富的柠檬酸、钠、钾和钙，其中柠檬酸有助于肉类的消化；葡萄柚还含有能有效抑制正常细胞发生癌变的类黄酮，经常食用可以增强身体抵抗力。

美容蔬果汁

● 清热降压＋亮泽肌肤

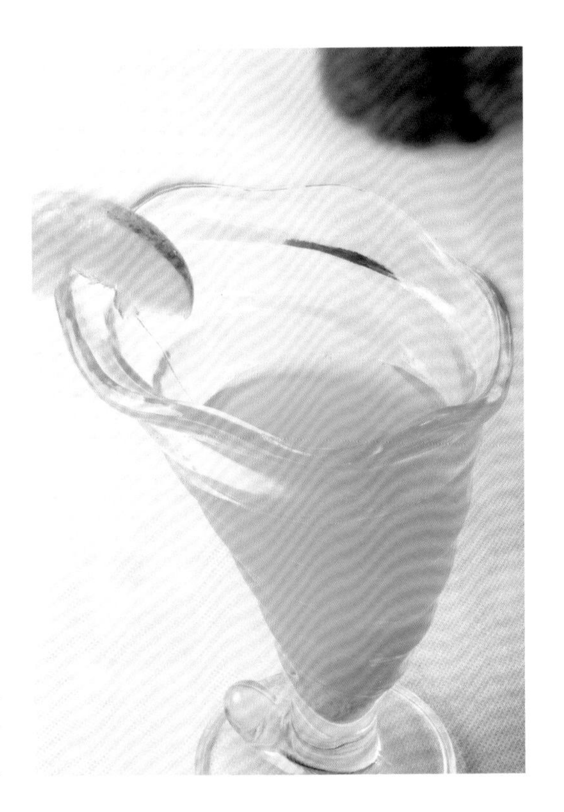

【食材准备】苹果 100 克，芹菜 50 克，西蓝花 100 克，冷开水 250 毫升。

【料理方法】① 苹果去皮，去核，切块。
② 芹菜洗净，切段；西蓝花洗净，焯熟后切块。
③ 将苹果、西蓝花和芹菜放入榨汁机中榨成汁。
④ 将冷开水倒入榨汁机中高速搅打即可。

饮用功效

此款饮品可以促进消化，增进食欲，亮泽肌肤；同时还能清热，利尿，降压。

Tips：苹果中的胶质和微量元素铬不仅能维持血糖的稳定，还能有效地降低胆固醇。

番茄西蓝花汁

● 养颜护肤＋抗癌消肿

【食材准备】西蓝花 150 克，番茄 1 个，冷开水 200 毫升。

【料理方法】① 西蓝花洗净，切块，在沸水中焯一下，捞起备用。
② 在番茄表皮划几道口子，放入沸水中浸泡 10 秒，剥去番茄皮并切块。
③ 将所有材料一起放入榨汁机榨成汁即可。

饮用功效

此款饮品能够美颜护肤，抑制体内癌细胞的增殖，在一定程度上起到抗癌消肿的作用。

Tips：西蓝花被视为一种能防癌的蔬菜。西蓝花中富含的莱菔硫烷，被认为是一种具有抗癌作用的化合物。

黄芪李子奶

● 祛斑美容 + 利尿排毒

【食材准备】黄芪 25 克，李子 75 克，冰糖 15 克，鲜奶 150 毫升。

【料理方法】① 黄芪加水以大火煮沸，再转小火煎 20 分钟后过滤，放凉备用。

② 李子洗净，去核，切块备用。

③ 将李子、冰糖、鲜奶一起放入榨汁机中打成汁，最后加入黄芪水即可。

饮用功效

本款饮品具有补气固本、利尿排毒、祛斑美容的功效。

Tips：李子能促进胃酸和胃消化酶的分泌，增加胃肠蠕动，促进消化，增进食欲，是食后饱胀、大便秘结者的食疗佳品。

菠菜苹果汁

● 补铁养颜 + 改善气色

【食材准备】菠菜 100 克，苹果 1 个，柠檬 2 片，冷开水 200 毫升。

【料理方法】① 菠菜洗净，切碎；苹果洗净，去皮，去核，切块；柠檬片洗净。

② 将所有材料一起放入榨汁机榨成汁即可。

饮用功效

此款饮品能够补铁养血，改善气色。

Tips：菠菜有很好的护肝功能，对调理气色、促进血液循环颇有益处。柠檬有生津、止渴、祛暑、安胎的作用。《食物考》中记载柠檬："浆饮渴瘳，能辟暑。孕妇宜食，能安胎。"

蔬果豆香汁

● 淡斑美白＋亮颜嫩肤

【食材准备】番茄20克，芹菜20克，蜂蜜15毫升，嫩豆腐70克，芒果100克，冷开水250毫升。

【料理方法】① 番茄洗净，去蒂，切块；芹菜洗净，切成2～3厘米长的段，榨成汁；豆腐切块；芒果去皮，取果肉切块。

② 将番茄、芹菜汁倒入榨汁机中，加入豆腐、芒果、蜂蜜、冷开水，高速搅打1分钟即可。

③ 如果味道太浓可以多加水。

饮用功效

此款饮品可嫩肤美白，生津解毒，淡斑祛纹。

Tips：饮用此款饮品时，要避免同时进食菠菜，因菠菜中的草酸会与钙结合，生成不易溶于胃酸的草酸钙，久之甚至导致结石。

山楂柠檬莓汁

● 除斑美白＋焕采醒肤

【食材准备】山楂50克，草莓40克，柠檬20克，冷开水100毫升，冰糖10克。

【料理方法】① 山楂洗净，装入布袋中，入锅，加水，大火煮沸后转小火煮30分钟，放凉后取汁。

② 草莓洗净，去蒂；柠檬洗净，切片。

③ 将草莓、柠檬和冷开水放入榨汁机内搅打2分钟成汁。

④ 将果汁与山楂汁混合后加入冰糖调味即可。

饮用功效

山楂是爱美人士去油减重的上佳选择。柠檬可令皮肤光洁细致。此款饮品具有美白亮颜的功效。

Tips：山楂按照口味分为酸、甜两种，其中酸味山楂最为流行，也最常见。

柠檬绿芹香瓜汁

● 淡化黑斑＋祛除雀斑

【食材准备】柠檬 50 克，香瓜 150 克，芹菜 30 克，冰块适量。

【料理方法】① 柠檬洗净，切片。
② 香瓜削皮，对切为二，去瓤，切块。
③ 芹菜洗净备用。
④ 将芹菜整理成束后放入榨汁机，再将香瓜、柠檬放入一起榨汁。
⑤ 在蔬果汁中加入冰块即可。

饮用功效

此款饮品可淡化黑斑、雀斑，对皮肤晒伤具有一定的修复功效。

Tips：香瓜可以调节脂肪代谢，提供膳食纤维，增强肠道功能。

酪梨柠檬橙汁

● 延缓衰老＋预防黑斑

【食材准备】酪梨 200 克，柳橙 50 克，柠檬 50 克，冷开水适量。

【料理方法】① 酪梨去皮，去核，切成小块。
② 柳橙洗净，去皮；柠檬洗净，切片。
③ 将酪梨、柳橙、柠檬放入果汁机中，加冷开水，搅匀即可。

饮用功效

此款饮品富含多种维生素、矿物质，可抵抗自由基，抗氧化，延缓衰老，具有预防皱纹、黑斑的功效。

Tips：酪梨通常生食。食用时用不锈钢刀将酪梨切成两半，如果果肉粘在核上，可反方向轻轻一拧，然后用刀一拨，或用勺将核舀出即可。

木瓜蜜汁

● 祛除斑纹＋护肝降脂

【食材准备】木瓜 180 克，鲜奶 100 毫升，蜂蜜 10 毫升，碎冰块适量。

【料理方法】① 木瓜洗净，去皮，去籽，切成块。
② 将木瓜、鲜奶、蜂蜜放入榨汁机中搅拌约 1 分钟，加入碎冰块，继续搅拌 1 分钟即可。

饮用功效

中医认为，木瓜能理脾和胃，平肝舒筋。而现代医学研究认为，木瓜含有的齐墩果酸具有护肝、抗炎抑菌、降低血脂等功效。木瓜中的木瓜蛋白酶及维生素 C 有较强的抗氧化能力，常饮本款饮品可润肤养颜，祛除斑纹。

Tips：木瓜里的木瓜蛋白酶还能帮助分解肉食，促进消化，防治便秘。

蜂蜜豆浆

● 嫩白肌肤＋淡化斑纹

【食材准备】豆浆 200 毫升，蜂蜜 10 毫升，冰块 15 克。

【料理方法】① 将豆浆和蜂蜜倒入榨汁机中充分搅拌。
② 打开榨汁机盖，放入冰块继续搅拌 30 秒即可。

饮用功效

此款饮品具有健脾、顺气、止渴的功效，还可以淡化斑纹，滋润肌肤，尤其适宜女性饮用。

Tips：豆浆富含蛋白质、维生素、钙、锌等物质，卵磷脂、维生素 E 含量尤其高，可以改善大脑的供血、供氧，提高大脑记忆力和思维能力。经常用脑的人适量饮用豆浆，能缓解大脑疲劳。

蒲公英草莓汁

● 细致肌肤 + 淡化黑斑

【食材准备】 草莓100克，猕猴桃50克，柠檬30克，鲜蒲公英50克，冰块60克。

【料理方法】 ① 草莓洗净，去蒂；猕猴桃剥皮后切块；柠檬洗净，切块；鲜蒲公英洗净。

② 将草莓、鲜蒲公英、猕猴桃和柠檬放入榨汁机榨成汁。

③ 在蔬果汁中加入冰块即可。

饮用功效

此款饮品能淡化黑斑、雀斑，细致肌肤，改善皮肤粗糙。

Tips：洗净的蒲公英用沸水焯1分钟，捞出，用冷水冲一下，佐以辣椒油、盐、香油、醋、蒜泥等调味后即可食用。

芝麻菠菜汁

● 益气养血 + 滋养容颜

【食材准备】 菠菜150克，白芝麻2勺，冷开水200毫升。

【料理方法】 ① 菠菜洗净，切碎。

② 将所有材料一起放入榨汁机榨成汁即可。

饮用功效

此款饮品能够益气补血，补充营养。气血充足的女性饮用，亦能保持面容娇美，更不易产生皱纹。

Tips：芝麻有补血、生津、润肠、通乳和养发等功效，适用于身体虚弱、贫血、津液不足、大便秘结等症。菠菜中含铁量较高，和芝麻一起食用，有助于人体吸收铁质和维生素E。

柠檬菠菜香柚汁

● 淡化黑斑 + 美白肌肤

【食材准备】 柠檬 50 克，柚子 120 克，菠菜 100 克，冰块少许。

【料理方法】 ① 柠檬洗净后连皮切块。

② 柚子去皮，去籽，取果肉。

③ 菠菜洗净，切成碎片。

④ 把柠檬、菠菜、柚子放入果汁机内搅打成汁，最后加冰块即可。

饮用功效

此款饮品能够改善皮肤粗糙症状，淡化黑斑，美白肌肤。

Tips：菠菜极易腐烂，但温度越低，菠菜储存期限越长，在接近 0℃的环境下，约可存放 3 周。

芦荟香瓜橘子汁

● 淡斑祛痘 + 美白嫩肤

【食材准备】 芦荟 1 段（6 厘米），香瓜半个，橘子 1 个，冷开水 200 毫升。

【料理方法】 ① 芦荟洗净，取肉；香瓜洗净，去皮，去瓤，切块；橘子去皮，剥成瓣。

② 将所有材料一起放入榨汁机榨成汁即可。

饮用功效

此款饮品能够补充维生素，美白肌肤。

Tips：芦荟能够调节内分泌，减少黑色素，淡斑，祛痘，美白肌肤，增强皮肤亮度，使皮肤保持湿润和弹性。香瓜可以调节脂肪代谢，提供膳食纤维，增强肠道功能。

木瓜香橙酸奶

● 舒缓情绪＋焕颜润肤

【食材准备】木瓜 100 克，柳橙 50 克，柠檬 30 克，酸奶 120 毫升。

【料理方法】① 木瓜去皮，去籽，切小块。
② 柳橙去皮，切块。
③ 柠檬洗净，切块。
④ 将所有材料一起放入果汁机里搅打均匀即可。

饮用功效

此款饮品可促进皮肤的新陈代谢，使皮肤保持光滑细腻，预防斑点生成。

Tips：柳橙有温润甜美的香味，可以舒缓紧张情绪，改善因焦虑引起的失眠。

柠檬橙汁

● 预防雀斑＋降火解渴

【食材准备】柳橙 150 克，柠檬 50 克，蜂蜜 10 毫升。

【料理方法】① 柳橙去皮，切块，用榨汁机榨出汁倒出。
② 柠檬洗净，切块后放入榨汁机中榨出汁。
③ 将柳橙汁、柠檬汁、蜂蜜混合后拌匀即可。

饮用功效

此款饮品可预防雀斑，降火解渴，同时还有美白、抗氧化和降低胆固醇的作用。

Tips：柠檬是柑橘类水果中解毒、除口臭功效卓越的一种，还可以调节情绪。除此之外，柠檬富含维生素 C，抗氧化效果十分显著。

草莓紫苏橘汁

● 祛斑除皱＋美容养颜

【食材准备】草莓120克，橘子50克，柠檬50克，紫苏叶15克，冰块少许。

【料理方法】① 草莓洗净，去蒂；橘子、柠檬洗净，连皮切成块；紫苏叶洗净。

② 冰块敲碎后放进榨汁机里。

③ 先将柠檬、草莓及橘子放入榨汁机榨汁；再将几片重叠的紫苏叶卷成卷后放入果汁机，搅打均匀，与榨汁机内的果汁混合即可。

饮用功效

此款饮品可以淡化雀斑、黄褐斑，减少皱纹，美容养颜。

Tips：紫苏叶中含有的木樨草素是一种类黄酮成分，有抗过敏、消炎的功效。

柠檬牛蒡香柚汁

● 滋润肌肤＋淡化斑点

【食材准备】柠檬50克，牛蒡100克，柚子100克，冰块少许，盐少许。

【料理方法】① 柠檬洗净，连皮切成块；牛蒡洗净，去皮后切成大小适当的块。

② 柚子去皮，去籽，取果肉备用。

③ 将柠檬、柚子和牛蒡放进榨汁机榨成汁。

④ 在果汁中加入冰块，最后加入盐调味即可。

饮用功效

此款饮品可以淡化斑点，滋润皮肤，适合办公室一族经常饮用。

Tips：牛蒡肉质细嫩香脆，既可煮食，亦可烧、炒、腌、做酱、做汤、泡茶、制汁等。此外，用牛蒡叶捣汁搽涂，可治各种痈疥疮疖。

草莓蜜瓜菠菜汁

● 通利肠胃＋消除青春痘

【食材准备】草莓 50 克，哈密瓜 120 克，蜜柑 50 克，菠菜 60 克，冰块少许。

【料理方法】① 草莓洗净，去蒂；哈密瓜去皮，去籽，切成块。

② 蜜柑去皮，果肉掰成瓣；菠菜洗净，去根后备用。

③ 将所有材料一起放进榨汁机中压榨成汁即可。

饮用功效

菠菜能滋阴润燥，通利肠胃，补血，对肠燥便秘、痔疮、贫血、高血压等症均有疗效。草莓含有丰富的维生素 C，可防治皮肤黑斑和青春痘。常饮此款饮品能起到通利肠胃、消除青春痘的功效。

草莓橘香芒果汁

● 辅助治疗青春痘＋预防过敏

【食材准备】草莓 50 克，橘子 50 克，芒果 100 克，蒲公英 5 克，碎冰块 30 克。

【料理方法】① 草莓洗净，去蒂；橘子洗净，连皮切成块；芒果去皮，用汤匙挖取果肉；蒲公英洗净备用。

② 将草莓、橘子、芒果及蒲公英放入榨汁机，压榨成汁。

③ 最后在果汁中加入碎冰块即可。

饮用功效

此款饮品不仅能辅助治疗青春痘，还有美白效果。

Tips：芒果有解渴生津、益胃止呕等功效，可用于胃热烦渴、呕吐及晕车、晕船等症。

双瓜柠檬汁

● 辅助治疗青春痘 + 滋润肌肤

【食材准备】 黄瓜 200 克，木瓜 100 克，柠檬 30 克。

【料理方法】 ① 黄瓜洗净，切成块；木瓜洗净，去皮，去籽，切块；柠檬洗净，切成薄片。
② 将所有材料放入榨汁机中榨出汁即可。

饮用功效

此款饮品可缓解青春痘症状，滋润皮肤。但不宜过量饮用，否则可能会出现胀气、腹泻等症状。孕妇不宜饮用。

Tips：黄瓜含水量高，热量低，还含有丙醇二酸，这种物质能有效抑制糖类物质转化为脂肪。

水蜜桃汁

● 红润肌肤 + 增强皮肤弹性

【食材准备】 水蜜桃 2 个，冷开水 200 毫升。

【料理方法】 ① 水蜜桃洗净，去核，切块。
② 将水蜜桃和冷开水一起放入榨汁机榨成汁即可。

饮用功效

此款饮品能够消脂瘦身，改善肌肤暗沉。

Tips：水蜜桃含丰富的蛋白质、碳水化合物、胡萝卜素、有机酸、粗纤维、钙、铁等。中医认为，桃有生津润肠、活血消积、丰肌美肤的作用，可用于强身健体、益肤悦色及辅助治疗体瘦肤干、月经不调、虚寒喘咳等症。现代医学研究证实，水蜜桃可增强皮肤弹性，使皮肤红润。

美肤蔬果蜜

● 清热祛湿 + 减少青春痘

【食材准备】梨 150 克，荸荠 50 克，生菜 30 克，麦冬 15 克，蜂蜜 10 毫升。

【料理方法】① 提前将麦冬用热水泡一晚，使其软化后洗净。

② 梨、荸荠洗净，去皮，取果肉切块；生菜洗净。

③ 将除蜂蜜外的所有材料放入榨汁机中榨成汁，饮用时加蜂蜜调味即可。

饮用功效

此款饮料有清热祛湿之功效，可促进新陈代谢，抑制皮肤毛囊的细菌滋生，减少青春痘。

Tips：荸荠质嫩多津，能利尿通淋，对小便淋沥涩痛者有一定作用，是尿路感染患者的食疗佳品。

橙子黄瓜汁

● 润肤美白 + 抵抗衰老

【食材准备】橙子 1 个，黄瓜 1 根，冷开水 200 毫升，蜂蜜适量。

【料理方法】① 橙子去皮，剥成瓣；黄瓜洗净切块。

② 将准备好的橙子、黄瓜和冷开水一起放入榨汁机榨汁。

③ 在蔬果汁内加入适量蜂蜜搅拌均匀即可。

饮用功效

此款饮品具有抗氧化、美白肌肤的功效。

Tips：橙子含有丰富的维生素 C，能增强人体抵抗力，也能将脂溶性有害物质排出体外，是很好的抗氧化剂。黄瓜被称为“厨房里的美容剂”，经常食用可有效抗衰，减少皱纹的产生。

红糖西瓜饮

● 控油洁肤＋预防过敏

【食材准备】柳橙 100 克，西瓜 200 克，蜂蜜 10 毫升，红糖 15 克。

【料理方法】① 柳橙洗净，切片；西瓜洗净，去皮，取瓜肉。

② 将柳橙放入榨汁机内榨出汁，倒入杯中，加入蜂蜜搅拌均匀。

③ 另将西瓜榨汁，放入红糖，轻轻注入柳橙蜂蜜中即可。

饮用功效

此款饮品可控油洁肤，防治皮肤过敏。

Tips：柳橙富含维生素 C，可以减少色素沉着，增强皮肤抵抗力，预防过敏。

蜜桃鲜奶

● 防治粉刺＋润肤养颜

【食材准备】水蜜桃 150 克，鲜奶 250 毫升，蜂蜜 10 毫升，冰块 10 克。

【料理方法】① 水蜜桃洗净，削下果肉备用。

② 将鲜奶倒入果汁机中，加入蜂蜜、冰块，搅拌均匀。

③ 将水蜜桃放进鲜奶中，搅拌 40 秒即可，也可依个人喜好另加少许柠檬汁调味。

饮用功效

此款饮品可防治青春痘、粉刺，润肤养颜。

Tips：水蜜桃富含胶质，有预防便秘的效果。多吃水蜜桃可以排毒，还可以缓解因体内毒素堆积引发的肥胖和长痘。

柠檬生菜莓汁

● 缓解青春痘＋修复晒伤皮肤

【食材准备】柠檬50克，草莓75克，生菜80克，冰块10克。

【料理方法】① 柠檬洗净，连皮切成块；草莓洗净后去蒂；生菜洗净。

② 将柠檬和草莓直接放入榨汁机里榨成汁；再将生菜卷成卷，放入榨汁机里榨汁。

③ 在蔬果汁中加入冰块即可。

饮用功效

此款饮品能缓解青春痘，淡化雀斑、黑斑，修复晒伤皮肤。

Tips：如果你的牙齿偏黄，可在刷牙后用纱布或棉布沾点柠檬汁，仔细地摩擦牙齿。经常这样操作有助于牙齿变白。

香瓜蔬果汁

● 细致肌肤＋淡化黑斑

【食材准备】芹菜100克，香瓜200克，苹果50克，蜂蜜20毫升。

【料理方法】① 芹菜洗净，撕去老叶及坏茎，切小段备用。

② 香瓜、苹果均洗净，去皮，去瓤（核），切小块，一起放入榨汁机中，加入芹菜搅打成汁，滤除果菜渣，倒入杯中。

③ 杯中加入蜂蜜调匀即可。

饮用功效

此款饮品可滋润、美白皮肤，还可淡化雀斑、黑斑等。

Tips：香瓜也是富含维生素C的水果，经常饮用香瓜汁可以缓解疲劳，改善失眠。

胡萝卜菠萝汁

● 消炎除痘 + 保护视力

【食材准备】菠萝100克，胡萝卜100克，柠檬50克，冰块60克。

【料理方法】① 菠萝去皮，切小块；胡萝卜洗净，切块；柠檬洗净，切片。

② 将胡萝卜放入榨汁机内榨成汁，再放入菠萝、柠檬榨汁。

③ 将蔬果汁倒入杯中，加冰块即可。

饮用功效

胡萝卜能健脾，具有促进机体生长、防治呼吸道感染、保护视力、防治夜盲症和眼干燥症等功效。柠檬的芳香气味源自内含的挥发油，是一种能助消化、杀菌的物质。此款饮品富含维生素C，常饮可消炎除痘，美容养颜。

枇杷胡萝卜苹果汁

● 清肺除燥 + 净痘美肤

【食材准备】胡萝卜100克，苹果50克，枇杷100克，柠檬50克，冰块40克。

【料理方法】① 胡萝卜、苹果洗净，苹果去核后与胡萝卜共切小块；枇杷去皮，去核；柠檬洗净，切片。

② 将除冰块外的材料依序放入榨汁机内榨汁。

③ 将蔬果汁倒入杯中，加冰块即可。

饮用功效

枇杷既能清肺气止咳，又可降胃逆止呕。对湿热上蒸于肺、发于体表而形成的青春痘，此款饮品有一定的治疗效果。

Tips：此款饮品适宜大多数人饮用，但脾胃虚寒者、糖尿病患者须谨慎饮用。

柠檬香芹橘汁

● 淡化雀斑 + 缓解青春痘

【食材准备】橘子 100 克，西芹 30 克，柠檬 25 克，冰块 50 克。

【料理方法】① 西芹洗净后折弯；橘子去皮，取果肉；柠檬洗净，切片。

② 将被西芹包裹的橘子与柠檬一起放入榨汁机里榨汁。

③ 在蔬果汁中加入冰块即可。

饮用功效

此款饮品可淡化雀斑，改善青春痘症状。

Tips：将一杯柠檬汁、两勺米酒、一勺蜂蜜混合后抹在干的头皮上按摩 5 分钟，静置 10 分钟后先用清水冲洗，再用洗发水清洗，可有效减少头皮屑。

雪梨芒果汁

● 生津止渴 + 美白肌肤

【食材准备】雪梨 1 个，芒果 1 个，冷开水 200 毫升。

【料理方法】① 雪梨、芒果去皮，去核，切块。

② 将所有材料一起放入榨汁机榨成汁即可。

饮用功效

此款饮品能补充丰富的维生素 C，可预防季节性感冒，美白肌肤。

Tips：雪梨性微寒，味甘，能生津止渴，润燥化痰，润肠通便。春季万物生发，吃梨有助于调节身体循环，增强免疫力。芒果营养丰富，具有美白肌肤，预防高血压、动脉硬化、便秘，清肠胃的功效。

芭蕉芒果汁

● 润泽肌肤 + 预防青春痘

【食材准备】柠檬 30 克，莴笋 50 克，芒果 150 克，芭蕉 100 克，冰块 10 克。

【料理方法】① 柠檬洗净，切块；莴笋去皮，洗净，切成可放入榨汁机的块状；芒果、芭蕉去皮，芒果去核，二者均切成块状。

② 将柠檬和莴笋放入果汁机内搅打成汁。

③ 续加入芒果和芭蕉，搅拌均匀，加冰块即可。

饮用功效

此款饮品具有缓解便秘、润泽皮肤、预防青春痘的功效。

Tips：芭蕉以中间粗、两端细，无病斑，无创伤，灰黄色，果柄较长者为佳。

芹菜海带黄瓜汁

● 润泽肌肤 + 改善气色

【食材准备】海带 1 段（10 厘米长），芹菜半根，黄瓜 1 根，冷开水 200 毫升。

【料理方法】① 海带洗净，在沸水中煮一会儿，以去除咸味，然后切成小段；将芹菜、黄瓜洗净，切段。

② 将所有材料一起放入榨汁机榨成汁即可。

饮用功效

此款饮品能够排出体内毒素，还能润燥，平肝，降压，改善气色。

Tips：芹菜中的有效成分有助于安定情绪、消除烦躁。芹菜含铁量较高，适合女性经期补充营养，也是缺铁性贫血患者的佳蔬。女性经常食用芹菜，能避免皮肤苍白及面色无华。

卷心葡萄汁

● 紧致毛孔＋缓解青春痘

【食材准备】卷心菜120克，葡萄80克，柠檬50克，冰块少许。

【料理方法】① 卷心菜洗净，葡萄洗净，柠檬洗净后切片。

② 将葡萄用卷心菜叶包起来。

③ 将所有材料放入榨汁机内榨出汁即可。

饮用功效

此款饮品可改善皮肤粗糙，改善毛孔粗大，缓解青春痘。

Tips：卷心菜能提高人体免疫力，可预防感冒，还有较强的抗氧化、抗衰老作用。对于饮食不规律、饮食结构不科学的上班族来说，食用卷心菜还能够保护肠胃健康。

番茄香柚汁

● 润泽肌肤＋预防粉刺

【食材准备】沙田柚200克，番茄100克，冷开水200毫升，蜂蜜15毫升。

【料理方法】① 沙田柚去皮，取果肉，放入榨汁机中榨汁。

② 番茄洗净，去蒂，切块，与冷开水一起放入榨汁机内榨汁。

③ 将两种果汁混合，在果汁内加蜂蜜调味即可。

饮用功效

本款饮品具有润泽肌肤、清热解毒的作用，可以帮助机体排出毒素，预防粉刺生成。

Tips：柚子能生津润燥，润肺清肠，理气化痰，可以预防感冒，促进消化。

甜柿柠檬汁

● 预防青春痘＋防治斑纹

【食材准备】 柿子 200 克，柠檬 30 克，冷开水 240 毫升，果糖 10 克。

【料理方法】 ① 柿子洗净，切除蒂头，切小丁。

② 柠檬洗净，去皮，切小块。

③ 将除果糖外的材料放入果汁机中，高速搅打 1 分钟，最后加入果糖，搅拌均匀即可。

饮用功效

此款饮品能够促进新陈代谢，具有防治青春痘，预防黑斑、雀斑生成的功效。

Tips: 柠檬含有烟酸和丰富的有机酸，其味酸，果汁有很强的杀菌作用。柠檬富有香气，用在料理中能去除肉类、水产品的腥膻之气，并能使肉质更加细嫩。

柠檬柳橙猕猴桃汁

● 预防过敏＋修复晒伤肌肤

【食材准备】 柠檬 30 克，柳橙 80 克，猕猴桃 50 克，豆芽菜 100 克，冰块少许。

【料理方法】 ① 柠檬洗净后连皮切块；柳橙去皮，去籽，取果肉；猕猴桃削皮后切小块。

② 将柠檬、柳橙放入榨汁机内榨汁，然后将豆芽和猕猴桃交替着分次放入榨汁机中榨汁。

③ 在蔬果汁中加入少许冰块即可。

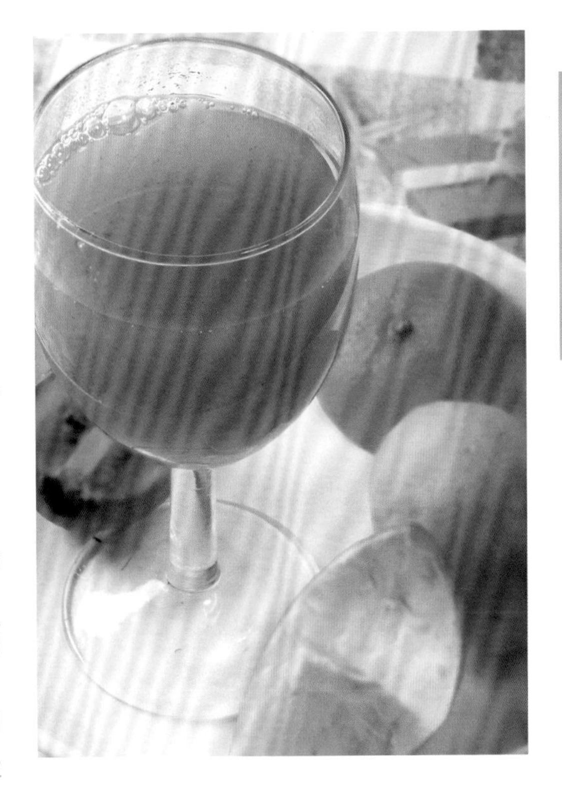

饮用功效

此款饮品可滋润皮肤，预防过敏，对晒伤的皮肤也有一定修复功效。

Tips: 绿豆芽易消化，有清热解毒、利尿除湿的作用；黄豆芽健脾养肝，春季适量食用，有助于预防口角发炎；黑豆芽含有丰富的钙、磷、铁、钾等营养元素，可以养胃。

草莓柠檬奶酪汁

● 促进排毒 + 预防青春痘

【食材准备】草莓 250 克，柠檬 30 克，奶酪 20 克。

【料理方法】① 草莓洗净，去蒂，切块；柠檬洗净，切片。

② 将所有材料放入果汁机一起搅打均匀即可。

饮用功效

此款饮品可以促进排便，避免废弃物质积存体内，还可以预防面疱、青春痘的产生。

Tips：奶酪除有乳制品的营养价值外，还含有活性益生菌，有助于改善胃肠道环境，抑制腐败物质的产生，能促进消化，增强免疫力，显著提升机体对抗疾病的能力，长期食用，还有防癌抗癌的功效。

菠萝苹果汁

● 解暑止渴 + 修复晒伤肌肤

【食材准备】葡萄柚 80 克，柠檬 30 克，菠萝 120 克，苹果 150 克，蜂蜜 10 毫升，冰块 10 克。

【料理方法】① 葡萄柚、柠檬洗净，取果肉榨汁。

② 菠萝、苹果洗净，去皮，苹果去核后与菠萝共切块，用果汁机搅打成泥，滤出果汁。

③ 将两种果汁倒入杯中，加蜂蜜、冰块即可。

饮用功效

此款饮品能修复紫外线对肌肤的伤害，适合日晒后饮用。

Tips：菠萝有解暑止渴、助消化、止泻的功效。现代医学研究发现菠萝中含有菠萝蛋白酶，这种酶可以用来辅助治疗心脏疾病、烧伤、脓疮和皮肤溃疡等。

菠萝豆浆

● 消除疲劳＋润泽肌肤

【食材准备】菠萝 120 克，豆浆 240 毫升，蜂蜜 10 毫升，冰块少许。

【料理方法】① 菠萝洗净，去皮，切成块。

② 将豆浆倒入果汁机中，加入蜂蜜搅拌均匀。

③ 将菠萝放入榨汁机中搅拌 1 分钟，最后加入豆浆蜂蜜汁和冰块即可。

饮用功效

饮用此款饮品可消除疲劳，润泽皮肤，还可防治便秘。

Tips：豆浆中的卵磷脂是构成脑神经组织和脑脊髓的主要成分，有很强的健脑作用，同时也是脑细胞和细胞膜形成所必需的原料。

菠菜蜜汁

● 排出毒素＋亮颜活肤

【食材准备】金针花 60 克，葱白 20 克，菠菜 60 克，蜂蜜 30 毫升，冷开水 150 毫升，冰块 70 克。

【料理方法】① 金针花洗净；葱白、菠菜洗净，切小段。

② 金针花、菠菜、葱白放入榨汁机中榨成汁。

③ 将蔬菜汁倒入搅拌机中加入蜂蜜、冷开水、冰块高速搅打 30 秒即可。

饮用功效

此款饮品能促进大便的排泄，可防治肠道肿瘤。金针花能滋润皮肤，抗皱祛斑，且有一定的消炎效果，对粉刺、痤疮有一定疗效。

Tips：葱白有发汗解表、通达阳气的功效。

胡萝卜猕猴桃汁

● 改善肤质 + 缓解疲劳

【食材准备】胡萝卜 100 克，猕猴桃 50 克，柠檬 30 克，冰块少许。

【料理方法】① 胡萝卜洗净，切块；猕猴桃去皮，切小块；柠檬洗净，连皮切块。

② 将柠檬、胡萝卜、猕猴桃一起放入果汁机中打匀。

③ 在蔬果汁中加入冰块即可。

饮用功效

本款饮品具有润泽皮肤、缓解疲劳的功效，尤其适宜职场人士饮用。

Tips：柠檬能有效促进胃中蛋白分解酶的分泌，增加胃肠蠕动，促进消化。

南瓜胡萝卜鲜奶

● 保护皮肤 + 健脾益胃

【食材准备】南瓜 50 克，胡萝卜 100 克，柑橘 50 克，鲜奶 200 毫升。

【料理方法】① 南瓜洗净，去瓤，放热水锅中煮软后，切成 2 ~ 3 厘米的块。

② 胡萝卜削皮后切小块；柑橘去皮，剥成瓣状。

③ 将除鲜奶外的所有材料放入果汁机中，高速搅打 2 分钟，最后加入鲜奶搅匀即可。

饮用功效

本款饮品能够保护皮肤组织，健脾益胃。南瓜搅打前一定要煮软，若不习惯吃南瓜皮，可先去皮再煮。

Tips：南瓜高钙、高钾、低钠，特别适合中老年人食用，可有效预防骨质疏松和高血压。

雪梨香柚汁

● 滋润肌肤 + 预防雀斑

【食材准备】梨 100 克，柚子 180 克，蜂蜜 10 毫升。

【料理方法】① 梨去皮，去核，切块。
② 柚子去皮，取果肉切块。
③ 将梨和柚子放入榨汁机内榨汁。
④ 在果汁中加入蜂蜜，搅拌均匀即可。

饮用功效

此款饮品可滋润肌肤，润肺，解酒；还可以降低人体内的胆固醇含量，适合高血压、高脂血症患者饮用。长期饮用此款饮品，可令肌肤水嫩白皙，预防雀斑产生。

Tips：多吃梨可改善呼吸系统和肺部功能，减少空气污染物给肺部带来的伤害。

南瓜肉桂豆浆汁

● 促进血液循环 + 散寒止痛

【食材准备】南瓜 4 片，肉桂粉适量，豆浆 200 毫升。

【料理方法】① 南瓜去皮，去瓤，切块。
② 将所有材料一起放入榨汁机榨成汁即可。

饮用功效

此款饮品能够促进皮肤血液循环，温经散寒。

Tips：南瓜不仅含有丰富的碳水化合物、脂肪和蛋白质，还含有人体造血所必需的微量元素铁和锌。肉桂粉能温通血脉，散寒止痛，可用于治疗寒凝气滞引起的痛经、肢体疼痛。

柠檬蔬果汁

● 淡化斑点 + 嫩肌美肤

【食材准备】柠檬 50 克，生菜 125 克，油菜 80 克，冰块 20 克。

【料理方法】① 柠檬洗净后连皮切块，生菜、油菜洗净后切碎。

② 将柠檬放入榨汁机里榨成汁，再放入生菜、油菜榨成汁。

③ 将蔬果汁混合均匀，最后加入冰块即可。

饮用功效

此款饮品可预防感冒，滋润皮肤，改善肌肤粗糙，淡化黑斑、雀斑。

Tips：生菜能解除油腻，降低体内胆固醇的含量，非常适合有瘦身需求的人士食用。

葡萄柚甜椒汁

● 缩小毛孔 + 美白祛斑

【食材准备】葡萄柚半个，甜椒 1 个，冷开水 200 毫升，蜂蜜适量。

【料理方法】① 葡萄柚去皮，取果肉切块；甜椒洗净，去蒂，去籽，切块。

② 将葡萄柚、甜椒和冷开水一起放入榨汁机内榨汁。

③ 在榨好的蔬果汁内加入蜂蜜搅匀即可。

饮用功效

此款饮品能够抗氧化，还能美白祛斑。

Tips：葡萄柚可以改善毛孔粗大，调理油腻不洁的皮肤。甜椒特有的味道和所含的辣椒素有刺激唾液、促进胃液分泌的作用，能增进食欲，促进胃肠蠕动，防治便秘。

第五章

抗老： 青春常驻花果醋

花果醋富含肌肤所需的醋酸、蛋白质等活性物质，且能很好地保存水果和鲜花中的维生素、矿物质、氨基酸等营养成分，具有促进肌肤新陈代谢、养颜焕肤、延缓衰老的作用。

玫瑰醋饮

● 美容养颜＋调理气血

【食材准备】桃子 150 克，干玫瑰花 30 克，白醋 200 毫升，冰糖 10 克。

【料理方法】① 桃子洗净，晾干，去核后对切。

② 干玫瑰去梗，洗净，晾干。

③ 将桃子、冰糖、玫瑰放入罐中，倒入白醋，淹过食材后封罐。

④ 发酵 45 ~ 120 天即可饮用，发酵 6 ~ 10 个月风味更佳。

饮用功效

玫瑰醋饮不仅是调味佳品，也是养生佳品，具有理气解郁、活血化瘀、美容养颜的功效。玫瑰醋中的主要成分醋酸具有很强的杀菌作用，对皮肤、头发有很好的保护作用。

菊花醋饮

● 疏风平肝＋减肥美颜

【食材准备】菊花 40 克，白醋 300 毫升。

【料理方法】① 菊花洗净，烘干后放入瓶中，然后将白醋倒入瓶中，淹过菊花后封罐。

② 发酵 8 天即可饮用，发酵时间越久风味越佳。

饮用功效

菊花具有助益消化、疏风平肝的功效，还能增强胰腺和脾胃的功能，更能减肥瘦身，养颜提神。菊花醋饮符合现代人追求低热量、低糖、低脂肪的健康生活方式，更是体重过重者、糖尿病患者的保养佳品。

Tips：触感松软、顺滑的菊花比较好，花瓣不零乱，不脱落，即表明菊花刚开就被采摘了。

薰衣草醋饮

● 清洁肌肤＋收缩毛孔

【食材准备】 薰衣草 100 克，柠檬 100 克，冰糖 50 克，白醋 250 毫升。

【料理方法】 ① 薰衣草洗净，烘干至略呈枯萎状后切段。

② 柠檬洗净，烘干，连皮切片。

③ 将薰衣草、冰糖、柠檬片放入玻璃瓶中，倒入白醋，封罐。

④ 发酵 45 ～ 120 天即可饮用，发酵 5 ～ 10 个月风味更佳。

饮用功效

薰衣草醋饮具有多重美容功效，不仅能清洁肌肤、收缩毛孔，还能舒缓情绪。薰衣草和白醋都具有排毒、美肤的功效，相互配合，排毒养颜、延缓衰老的功效更佳。

洋甘菊醋饮

● 延缓衰老＋润肌美肤

【食材准备】 洋甘菊 40 朵，蜂蜜适量，白醋 300 毫升。

【料理方法】 ① 洋甘菊洗净，烘干至略呈枯萎状。

② 洋甘菊、蜂蜜放入玻璃瓶中，倒入白醋后封罐。

③ 发酵 8 ～ 60 天即可饮用，发酵 3 个月以上风味更佳。

饮用功效

洋甘菊醋饮有消炎止痛、养肝明目的作用，并具有抗老化、润泽肌肤并收敛毛孔的功效；还有镇静作用，长期饮用可让人心绪平稳。

金钱薄荷醋饮

● **收缩毛孔＋消除疲劳**

【食材准备】金钱薄荷 40 克，荠菜花 20 克，纯净水 100 毫升，白醋 300 毫升。

【料理方法】① 将所有药草洗净，加水和白醋煎煮。

② 大火煮沸后转小火煮约 15 分钟即可。

饮用功效

白醋具有消炎、抗氧化的功效，金钱薄荷具有收敛肌肤的功效，荠菜花可帮助分解身体内的油脂。三者制成的混合醋饮口味独特，具有改善毛孔粗大的功效。此醋饮对降低血压、缓解感冒、帮助肠胃消化吸收、消除疲劳等也具有一定的作用。

茴香醋饮

● **消脂减重＋清洁肌肤**

【食材准备】茴香 40 克，白醋 300 毫升。

【料理方法】① 茴香洗净，烘干至略呈枯萎状，切段。

② 将茴香放入瓶中，倒入白醋，淹过食材高度后封罐。

③ 发酵 10 天左右即可饮用，发酵时间越长，风味越佳。

饮用功效

茴香营养丰富，含有蛋白质、脂肪、碳水化合物、B 族维生素、维生素 C、钙、磷、铁等。适量饮用茴香醋饮可缓解因肾阳虚引发的腰痛，消除肠气、胃脘闷痛，保持肌肤洁净，减脂塑形。

葡萄醋饮

● 扩张血管＋延缓衰老

【食材准备】葡萄 200 克，冰糖 30 克，白醋 300 毫升。

【料理方法】① 葡萄洗净，切开晾干。

② 将葡萄和冰糖以交错堆叠的方式放入玻璃容器中，倒入白醋后封罐。

③ 发酵 45 ～ 120 天即可饮用。

饮用功效

葡萄醋饮中的醋酸、甘油和醛类化合物对皮肤有柔和的刺激作用，能扩张血管，促进皮肤的血液循环，使皮肤更加光润。而葡萄醋饮所含的原花青素 OPC 是一种高效抗氧化剂，有抗衰老的作用。

苹果醋饮

● 亮白肌肤＋平衡油脂分泌

【食材准备】苹果 150 克，甜菜根 100 克，白醋 250 毫升。

【料理方法】① 苹果洗净后晾干，去皮，去核，切片。

② 将苹果放入玻璃瓶中，再加入洗净并晾干的甜菜根，倒入白醋，淹过食材后封罐。

③ 发酵 50 天即可饮用，发酵 6 ～ 10 个月风味更佳。

使用功效

用苹果醋制成的面膜敷脸，可以美白肌肤。苹果中富含的苹果酸是油性皮肤者理想的天然清洁剂。常用苹果醋面膜，不仅能使皮肤油脂分泌平衡，还能软化皮肤角质层，坚持使用，能在一定程度上消除黑眼圈。

柠檬苹果醋饮

● 美容养颜＋轻松瘦身

【食材准备】柠檬 300 克，冰糖 100 克，苹果醋 300 毫升。

【料理方法】① 柠檬洗净并晾干，切薄片后放入玻璃罐中。

② 将冰糖、苹果醋加入玻璃罐中，用保鲜膜将瓶口封住，拧紧盖子后放半年即可饮用。

③ 饮用时，取 10 毫升醋饮，与 200 毫升冷开水、少许蜂蜜调匀即可。

饮用功效

柠檬可美容养颜，与醋混合制成的柠檬醋饮更是一种健康饮品。苹果和醋都具有减轻体重的功效，两者调制而成的苹果醋，减肥功效更甚。而柠檬苹果醋饮除了能美颜，还具有消食开胃、抗氧化的功效。

荔枝醋饮

● 预防肥胖＋排毒养颜

【食材准备】荔枝 250 克，白醋 500 毫升。

【料理方法】① 荔枝去皮，去核后放入瓶中，倒入白醋密封。

② 发酵 2 个月后即可饮用，发酵 3 ～ 5 个月风味更佳。

饮用功效

用荔枝和白醋调制而成的荔枝醋，能促进血液循环与新陈代谢，改善肝脏功能，还具有排出毒素、祛除体内残留酒精、促进细胞再生、使皮肤细嫩等功效，并能有效预防肥胖，是排毒养颜的佳品。

Tips：荔枝属温热食物，多食易引起一过性高血糖，不宜一次食用过多或频繁食用。

草莓醋饮

● 淡化雀斑＋美白肌肤

【食材准备】鲜草莓 150 克，盐水适量，冰糖 100 克，米醋 300 毫升。

【料理方法】① 草莓洗净后去蒂，用盐水泡 5 分钟，再次洗净后晾干。

② 草莓、冰糖放入玻璃罐中，倒入米醋并密封，放冰箱中冷藏 1 个月后可饮用，饮用时要兑些纯净水。

饮用功效

草莓富含维生素 C，有美白肌肤的功效，醋也具有美白的功效。二者加上冰糖，经适度发酵后饮用，可淡化面部雀斑、黑点，使皮肤光洁且富有弹性。草莓醋非常适合有美白淡斑需求的人士饮用。

黑枣醋饮

● 活络气血＋润肤美颜

【食材准备】黑枣 60 克，米酒 100 毫升，葡萄 150 克，陈醋 100 毫升。

【料理方法】① 黑枣、葡萄拣去杂质，清洗干净后用米酒略泡，晾干后切开。

② 将黑枣和葡萄以堆叠的方式放入玻璃罐中，倒入陈醋后密封。

③ 发酵 4 个月后即可饮用。

使用功效

除日常饮用外，还可于睡前取适量黑枣醋与新鲜的葡萄汁调和，加入适量开水稀释后倒入浴缸中，淋浴后进入浴缸浸泡 10 ~ 15 分钟。不论是饮用还是用作养颜浴，黑枣醋饮都能促进身体循环代谢，还能达到活络气血、润肤美颜、延缓衰老的效果。

附录　养颜蔬果汁索引

清体

苹果

「性味」性平，味甘、酸。
「归经」脾、肺经。
「功效」通便排毒，消暑解渴。

白菜苹果汁

「功效」
此饮品可缓解便秘，同时还有利尿的功效。

29页

香蕉苹果梨汁

「功效」
此饮品甘甜适口，具有消除疲劳、改善便秘、排毒养颜的功效，非常适宜上班一族工作之余品饮。

40页

芜菁(大头菜)

「性味」性平，味辛。
「归经」胃经。
「功效」开胃消食，排出毒素。

草莓芜菁橘子汁

「功效」
此饮品可缓解便秘，补充丰富的维生素C。

36页

芜菁苹果汁

「功效」
此饮品具有利尿消肿的作用，能促进排尿。常喝此饮品可达到清热解毒的目的。

44页

梨

「性味」性寒，味甘、微酸。
「归经」肺、胃经。
「功效」止咳化痰，除烦解渴。

胡萝卜梨汁

「功效」
此饮品能保护肝功能，改善便秘，同时还具有利尿作用。

42页

葡萄生菜梨汁

「功效」
此饮品具有清热解毒、润肺生津的作用，能够促进人体毒素的排出。

61页

草莓

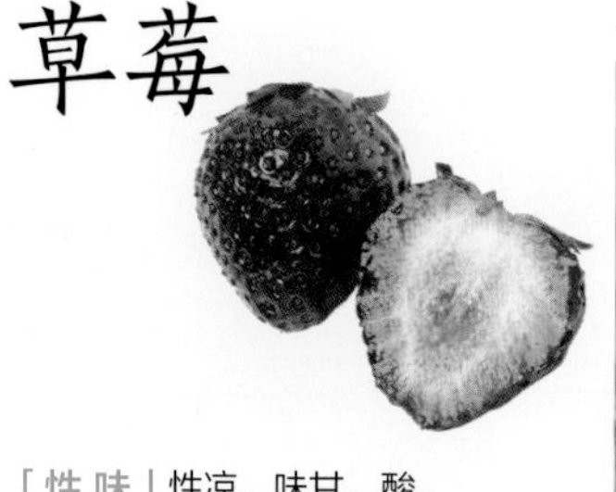

「性味」性凉，味甘、酸。
「归经」脾、肺经。
「功效」美白肌肤，增强免疫力。

草莓花椰汁

「功效」
经常饮用此饮品能利尿、通便，还可改善不良情绪。

30页

草莓香芹芒果汁

「功效」
此饮品为蔬果汁，口味香甜，对小便短赤、暑热烦躁等症有一定的辅助疗效。

59页

桃子

「性味」性热，味甘、酸。
「归经」肠、胃经。
「功效」利尿消肿，生津解渴。

酪梨蜜桃汁

「功效」
此饮品具有滋养肌肤、通便利尿的功效，对排出体内毒素有一定帮助。

29页

桃香苹果汁

「功效」
此饮品富含粗纤维，可整肠排毒，排出体内的有毒物质，还可以补铁。

39页

葡萄

「性味」性平，味甘、酸。
「归经」肺、脾、肾经。
「功效」止渴除烦，通利小便。

葡萄香芹菠萝汁

「功效」
此饮品能有效防治便秘，缓解高血压，对肝病、肾病也有一定的辅助疗效。

37页

葡萄芜菁汁

「功效」
此饮品对高血压、肾病等都有一定的辅助疗效，还能改善面部浮肿、小便不利等症。

46页

菠萝

「性味」性平，味甘。
「归经」肺、胃经。
「功效」清热解暑，消食止泻。

香柚菠萝草莓汁

「功效」
此饮品可预防水肿，改善便秘症状，对晒伤的皮肤也有一定的修复作用。

34页

菠萝果菜汁

「功效」
此饮品可以缓解疲劳，且具有润肠通便的功效，非常适宜职场人士饮用。

52页

柠檬

「性味」性平，味甘、酸。
「归经」肝、胃经。
「功效」美白肌肤，增强免疫力。

柠檬香瓜橙汁

「功效」
此饮品具有滋润皮肤、利尿的功效。多种瓜果混合榨汁饮用，能使营养更加丰富全面。

46页

西瓜柠檬汁

「功效」
此饮品有助于排出体内多余水分。若能在下午3点前饮用，更能发挥其通便、利尿的功效。

42页

黄瓜

「性味」性寒，味甘。
「归经」肺、胃、大肠经。
「功效」清热解毒，利水消肿。

黄瓜水果汁

「功效」
此饮品含丰富的B族维生素，可预防口角炎、唇炎，还能滋养皮肤，保持苗条身材。

66页

小黄瓜苹果汁

「功效」
此饮品具有利尿的作用，可以清理肠道，有助于预防水肿。

92页

鲜奶

「性味」性平、微寒，味甘。
「归经」心、肾经。
「功效」生津润肠，补益身体。

哈密木瓜鲜奶

「功效」
此款饮品富含维生素，含铁量高，还有利尿功效。常饮能消除水肿。

99页

蛋黄李鲜奶

「功效」
李子含丰富的苹果酸、柠檬酸等，可止渴，消水肿，利尿。经常饮用此饮品有助于美容瘦身。

72页

木瓜

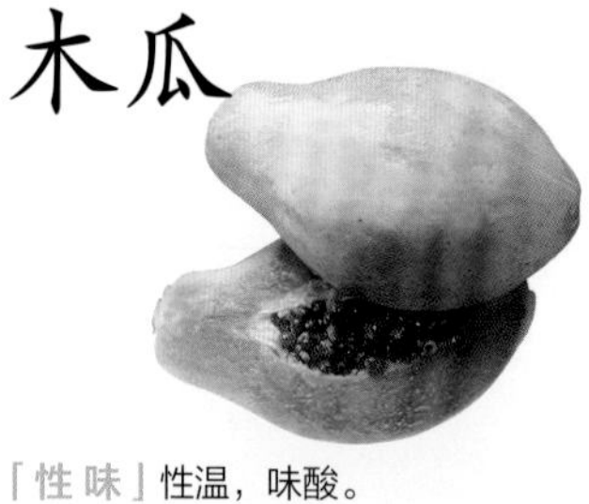

「性味」性温，味酸。
「归经」肝、脾经。
「功效」和胃化湿，纤体瘦身。

麦片木瓜奶昔

「功效」
除瘦身外，此饮品具有平肝和胃、舒筋活络、软化血管、抗菌消炎、抗衰养颜、防癌抗癌的功效。

68页

菠萝木瓜橙汁

「功效」
此饮品能清心润肺，帮助消化。常饮还有抗肿瘤的功效。

77页

冬瓜

「性味」性凉，味甘。
「归经」肺、大肠、小肠、膀胱经。
「功效」清热解毒，除烦止渴。

姜香冬瓜蜜

「功效」
此饮品具有利尿、消水肿的功效。

96页

冬瓜苹果蜜

「功效」
此饮品能促进人体新陈代谢，祛脂减肥，适合想要瘦身纤体的人饮用。

91页

番茄

「性味」性微寒，味甘、酸。
「归经」肝、胃、肺经。
「功效」生津止渴，清热解毒。

番茄蜂蜜饮

「功效」
此饮品具有抗氧化功能，能防癌抗癌，且对动脉硬化有良好的辅助疗效。

67页

番茄酸奶

「功效」
此饮品可生津止渴，健胃消食，促进体内脂肪代谢，对美容、纤体有显著效果。

95页

柳橙

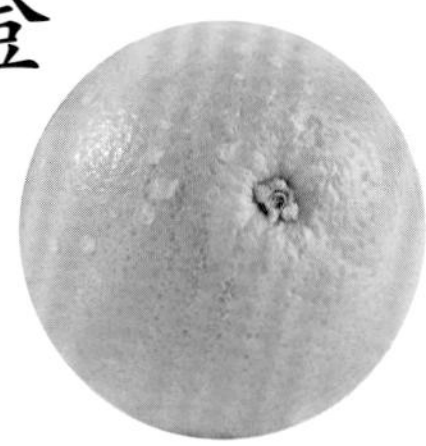

「性味」性凉，味酸、甘。
「归经」肺经。
「功效」生津止渴，开胃下气。

草莓柳橙蜜

「功效」
此饮品能改善皮肤干燥，美白消脂，润肤丰胸，是纤体佳品之一。

69页

柳橙果菜汁

「功效」
此饮品能疏肝理气，消食开胃，有利于促进肠道的消化吸收功能。

87页

猕猴桃

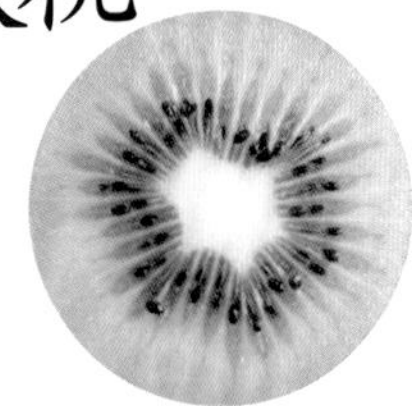

「性味」性寒，味甘、酸。
「归经」脾、胃经。
「功效」清热生津，利尿止渴。

香橙猕猴桃汁

「功效」
此饮品有止渴之功效，能改善食欲不振、消化不良，还可以美白养颜。

86页

葡萄猕猴桃汁

「功效」
此饮品有预防癌症、调节肠胃功能的作用，也可用于抗衰老。

82页

西芹

「性味」性凉，味甘、辛。
「归经」肺、脾、胃经。
「功效」通利小便，清热平肝。

甜椒蔬果饮

「功效」
此饮品具有护肤、防癌、抗老、利尿、助消化、预防感冒的功效。

88页

番茄蔬果汁

「功效」
此饮品能有效调节肠道，补充丰富的维生素和膳食纤维，有利于健康减肥。

85页

补体

橘子

「性味」性温，味甘、酸。
「归经」肺、胃经。
「功效」健脾顺气，化痰止咳。

橘子酸奶

「功效」
此饮品具有润肤、润肠通便的作用。经常饮用，可以为人体补充所需营养。

107页

橘香姜蜜汁

「功效」
此饮品中含有丰富的维生素，可为人体补充营养，且有降低血脂和胆固醇的作用。

130页

沙田柚

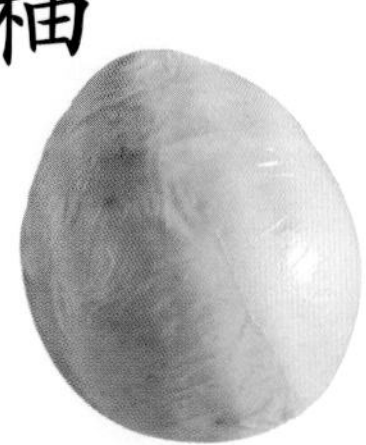

「性味」性寒，味甘、酸。
「归经」胃经。
「功效」健胃消食，清热化痰。

香柚汁

「功效」
此饮品可以预防感冒，滋养肌肤，消除疲劳，还可以预防癌症和动脉硬化。

117页

香柚草莓酸奶

「功效」
本饮品有助于清除体内自由基，强健机体，有延缓衰老的功效，对美白皮肤也有一定作用。

134页

桑葚

「性味」性微寒，味甘、酸。
「归经」心、肝、肾经。
「功效」生津止渴，润肠通便。

胡萝卜桑葚苹果汁

「功效」
此饮品富含维生素A，可以改善视力，增强抵抗力。

102页

猕猴桃桑葚奶

「功效」
常饮此饮品，有润泽肌肤、延缓衰老的功效。

135页

胡萝卜

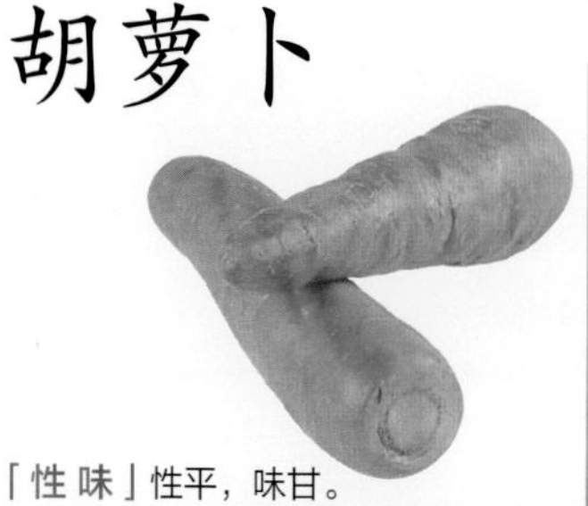

「性味」性平，味甘。
「归经」肺、脾经。
「功效」补肝明目，清热解毒。

胡萝卜橘香奶昔

「功效」
胡萝卜含有丰富的活力元素“维生素A”，有养肝明目、防治夜盲症的作用，而鲜奶有安神作用。

106页

胡萝卜冰糖梨汁

「功效」
梨可清热、降火、润肺，与胡萝卜一起榨汁更可护肝养肝，增强身体抵抗力。

116页

莴笋

「性味」性凉，味甘。
「归经」肠、胃经。
「功效」清热利尿，舒筋通络。

草莓双笋汁

「功效」
此饮品能降血脂，利尿，降血压，保护血管，还有预防动脉硬化的功效。

121页

元气蔬果汁

「功效」
此饮品富含维生素A、维生素C，具有美容养颜等多种功效。

137页

黑芝麻

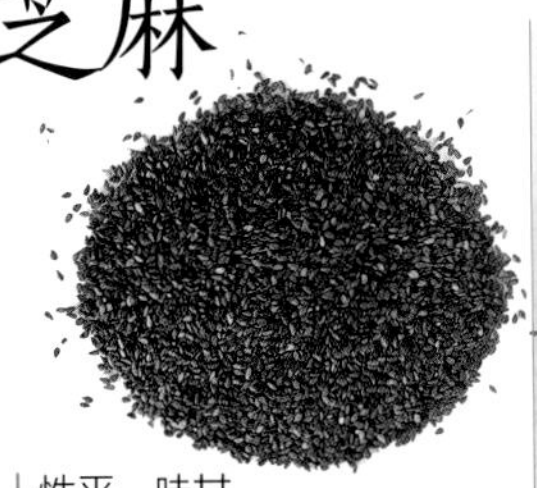

「性味」性平，味甘。
「归经」肝、肾、大肠经。
「功效」润肠通便，补肝益肾。

芝麻葡萄汁

「功效」
葡萄的皮和籽可以抗氧化，清除自由基，排出体内毒素，加上芝麻，还能延缓衰老。

139页

黑豆养生汁

「功效」
黑豆可祛风除湿，调中下气，补肾，利尿，明目。

140页

芒果

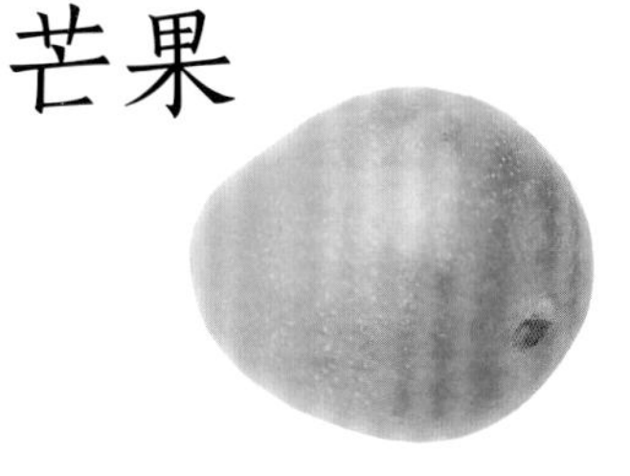

「性味」性凉，味甘、酸。
「归经」肺、脾、胃经。
「功效」益胃止呕，利尿解渴。

芒果橘子奶

「功效」
芒果营养价值丰富，经常饮用此饮品，有开胃消食、消除疲劳的功效。

106页

哈密瓜芒果鲜奶

「功效」
此饮品富含维生素A，可以舒缓眼部疲劳，改善视力。

104页

山竹

「性味」性微寒，味甘、酸。
「归经」心、胃经。
「功效」止痛止泻，健脾生津。

番茄胡萝卜汁

「功效」
此饮品富含维生素A、维生素C，可以改善过敏体质，还可以美白肌肤，缓解疲劳。

103页

胡萝卜山竹汁

「功效」
此饮品富含矿物质，对体弱、营养不良以及病后康复者都有很好的辅助调养作用。

133页

芦荟

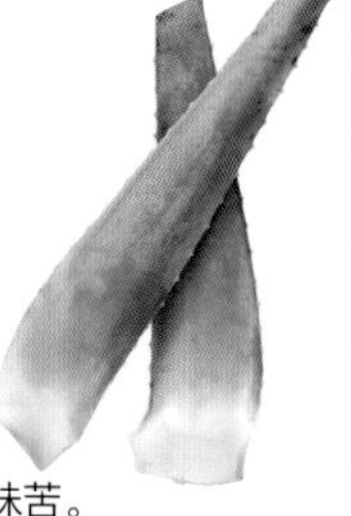

「性味」性寒，味苦。
「归经」肝、大肠经。
「功效」解毒消炎，润肠通便。

冰糖芦荟桂圆汁

「功效」
此饮品可以滋润皮肤，预防皱纹产生，有使人脸色红润的效果。

154页

芦荟柠檬汁

「功效」
此饮品有抗炎作用，对脂肪代谢、胃肠功能都有明显的增强作用，且能祛斑美颜，润泽肌肤。

150页

香蕉

「性味」性寒，味甘。
「归经」肺、大肠经。
「功效」润肠通便，美白肌肤。

阳桃香蕉鲜奶蜜

「功效」
此饮品能美白肌肤，消除皱纹，改善干性和油性肌肤状态。

154页

香蕉番茄乳酸饮

「功效」
常饮用此饮品能使皮肤细滑白皙，延缓衰老。此饮品对食欲不振也有辅助治疗作用。

153页

生菜

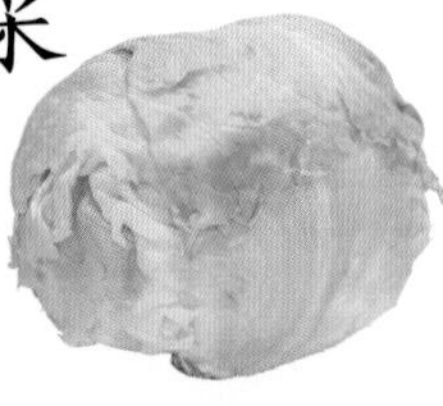

「性味」性凉，味甘。
「归经」胃、肾经。
「功效」清热利湿，清肝利胆。

柠檬生菜莓汁

「功效」
此饮品能缓解青春痘，淡化雀斑、黑斑，修复晒伤皮肤。

170页

柠檬蔬果汁

「功效」
此饮品能预防感冒，滋润皮肤，改善皮肤粗糙，淡化黑斑、雀斑。

180页

葡萄柚

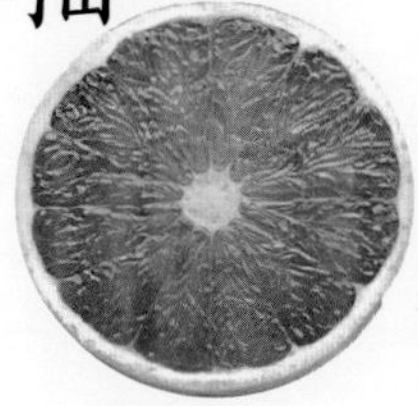

「性味」性寒，味甘、酸。
「归经」胃经。
「功效」止咳化痰，生津止渴。

蒲公英葡萄柚汁

「功效」
此饮品具有清热解毒、消肿散结、利尿、美白淡斑的功效。

156页

草莓香柚黄瓜汁

「功效」
此饮品中含有非常丰富的柠檬酸、钠、维生素C、钾和钙，有助于淡化斑点、美白肌肤。

156页

酪梨

「性味」性凉，味甘、酸。
「归经」肝、肾经。
「功效」润肤美容，延缓衰老。

酪梨木瓜柠檬汁

「功效」
此饮品可提高皮肤抗氧化能力，淡化细纹。

149页

酪梨柠檬橙汁

「功效」
此饮品味道甜美，可改善皱纹和黑斑，延缓肌肤老化。

160页

荸荠

「性味」性寒，味甘。
「归经」脾、肺经。
「功效」生津止渴，清热化痰。

荸荠双瓜汁

「功效」
此饮品含铁量高，对人体造血功能有促进作用，是一款很好的女性滋补饮品。

146页

美肤蔬果蜜

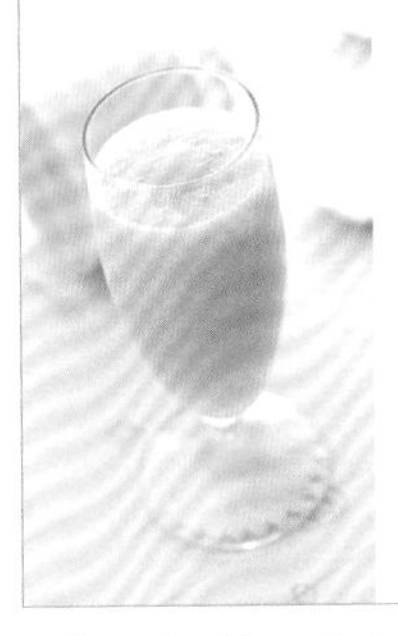

「功效」
此饮品有清热祛湿的功效，可促进新陈代谢，抑制皮肤毛囊的细菌滋生。

168页

香瓜

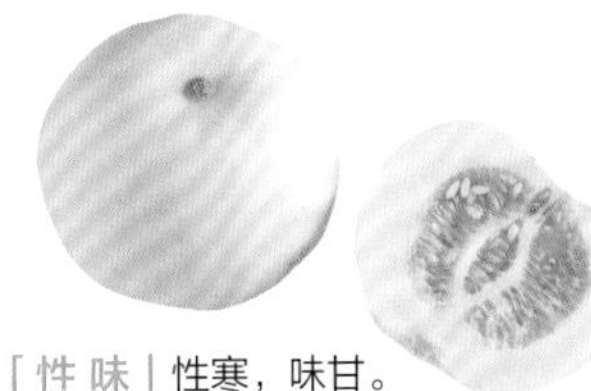

「性味」性寒，味甘。
「归经」胃、肺、大肠经。
「功效」清热解暑，除烦利尿。

柠檬茭白香瓜汁

「功效」
此饮品利于皮肤嫩白保湿，淡化雀斑，还可清热解毒，除烦解渴。

155页

香瓜蔬果汁

「功效」
此饮品可滋润、美白皮肤，还可淡化雀斑、黑斑等。

170页

西蓝花

「性味」性凉，味甘。
「归经」胃、肝、肺经。
「功效」促进消化，增进食欲。

西蓝花黄瓜汁

「功效」
经常饮用此饮品，可达到延缓皮肤衰老的作用，还可预防口角炎、唇炎，亦可润滑肌肤。

146页

美容蔬果汁

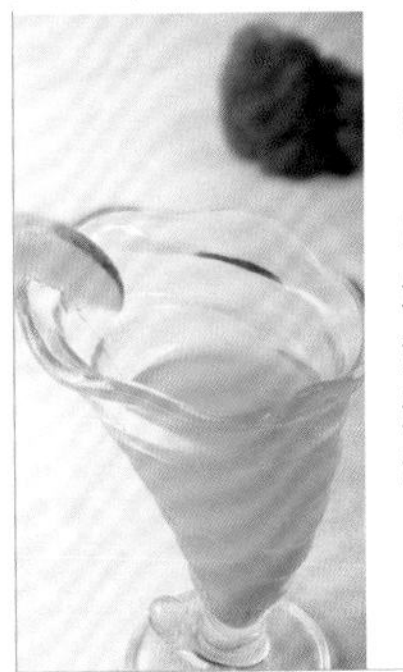

「功效」
此饮品可以促进消化，增进食欲，亮泽肌肤；同时还能降压安神，清热利尿。

157页

抗老

玫瑰醋饮

「功效」

玫瑰醋饮不仅是调味佳品，而且具有良好的美容功效。玫瑰醋的主要成分是醋酸，具有很强的杀菌作用，对皮肤、头发有很好的保护作用。此外，玫瑰醋还含有丰富的钙、氨基酸、醛类化合物以及盐类物质，这些成分都对皮肤极有好处。

182页

菊花醋饮

「功效」

菊花醋饮具有助消化、平肝、调整血糖的功效，还能增强胰腺和脾胃功能，更能减肥养颜，利于提神，相当符合现代人追求低热量、低糖、低脂肪的健康生活方式，更是肥胖症患者、糖尿病患者的保养佳品。

182页

薰衣草醋饮

「功效」

薰衣草醋饮具有多重美容功效，不仅能净化肌肤，收缩毛孔，更能舒缓情绪。此饮品在发挥镇静及松弛身心的功效之余，更为肌肤添上一丝淡淡的薰衣草幽香。适量饮用此饮品，可令肌肤更加完美细致。

183页

洋甘菊醋饮

「功效」

洋甘菊醋饮具有抗老化、润泽肌肤、舒缓肌肤、收敛毛孔的功效。常饮洋甘菊醋饮，还可镇静心神，对改善睡眠、稳定情绪也有一定帮助。

183页

金钱薄荷醋饮

「功效」

在美容方面，醋具有消炎、抗氧化的功效，而金钱薄荷具有收敛肌肤的作用，荠菜花可分解油脂。用金钱薄荷、荠菜花与醋制成的混合醋饮口味独特，具有改善毛孔粗大的功效，对降低血压、预防疾病、促进肠胃消化吸收、消除疲劳等也有一定的作用。

184页

茴香醋饮

「功效」

由茴香与醋调制而成的茴香醋饮，能消除肠气，缓解胃脘闷痛，帮助肌肤保持洁净。此外，将茴香醋调匀后涂抹于皮肤上，可起到保湿、防皱、改善皮肤橘皮组织的功效。若将茴香醋饮作为漱口水使用，则可以保持口腔清洁，消除口气。

184页

葡萄醋饮

「功效」

葡萄醋饮中的有机酸能分解并氧化乳酸和丙酮酸等，从而缓解疲劳。而其中的醋酸、甘油和醛类化合物则对皮肤有柔和的刺激作用，能扩张血管，促进皮肤的血液循环，使皮肤保持润泽状态。

185页

苹果醋饮

「功效」

苹果与醋混合制成的苹果醋饮对肠胃的刺激性小，能有效地补充身体的营养所需。苹果所含的果胶还可以抑制食欲，减少人体对脂肪和糖分的吸收，促进肠胃消化。用苹果醋饮制成的面膜敷脸，可以美白肌肤，也可辅助消除黑眼圈。

185页

柠檬苹果醋饮

「功效」

柠檬苹果醋饮是一种健康饮品，可减轻体重，此外还有美颜、消食开胃、抗氧化的功效。

186页

荔枝醋饮

「功效」

此醋饮能促进血液循环与新陈代谢，改善肝脏功能，还具有帮助毒素排出、祛除体内残余酒精、使皮肤细嫩等功效，并能有效预防肥胖，是排毒养颜者的理想选择。

186页

草莓醋饮

「功效」

草莓醋饮可淡化面部雀斑、黑点，使皮肤光洁且富有弹性。草莓醋饮非常适合有美白淡斑需求的人士饮用。

187页

黑枣醋饮

「功效」

除日常饮用外，还可于睡前取适量黑枣醋饮与新鲜的葡萄汁调和，加入适量开水稀释后倒入浴缸中，淋浴后进入浴缸中浸泡10 ~ 15分钟。不论是饮用还是用作养颜浴，黑枣醋饮都能帮助身体循环代谢，起到润肤美颜、延缓衰老的功效。

187页

15种常见蔬果存储方法一览表

蔬果名称	最佳食用时间	存储方法
藕	秋季 9~10月	整个包起来放于冰箱内，可以保存7～10天
草莓	夏季 5~7月	不要清洗，去掉蒂后，盖上保鲜膜放入冰箱就可以
西芹	夏秋季 6~10月	清洗干净后，将叶和茎分别包裹于报纸里，放入塑料袋，或者包裹于潮湿的毛巾中置于冰箱中保存即可
葡萄	秋季 8~10月	不要清洗，在干燥状态下用纸包好，1周内要食用完
红薯	秋季 9~10月	不要清洗，原封不动地放在阴凉处，可以保存4～5个月
猕猴桃	秋季 8~10月	选购稍硬一些的，在常温下保存3天后再放入冰箱，这样可以存放2周左右
甜椒	夏秋季 6~8月	每个甜椒分开保存，不要放在一起，以免其腐烂

黄瓜	夏秋季 6~9月	用纸包好放于阴凉处即可
白萝卜	秋季 7~8月	去除叶子和根须，用报纸包好放在阴凉通风处
胡萝卜	夏秋季 7~9月	用报纸包好放在阴凉处，能保存1个月左右
土豆	夏季 6~7月	土豆放置时间长了容易长芽，如果和苹果放在一起，可以延长保存时间
卷心菜	秋季 8~10月	剔除根部，然后用报纸包好，以防止叶子打蔫
木瓜	夏秋季 7~9月	七八成熟的木瓜最适合放入冰箱中冷藏，保存时间不宜过长，为了不影响口感，建议冷藏保存时间最好控制在10天以内
香蕉	夏秋季 7~10月	将香蕉切块后放入冰箱中冷藏保存；要想防止其变黑，可以滴一些柠檬汁在上面
西瓜	夏秋季 6~9月	去除瓜皮和籽后冷藏保存即可

含章
新实用

美 食 菜 谱 / 中 医 理 疗

阅读图文之美 / 优享健康生活